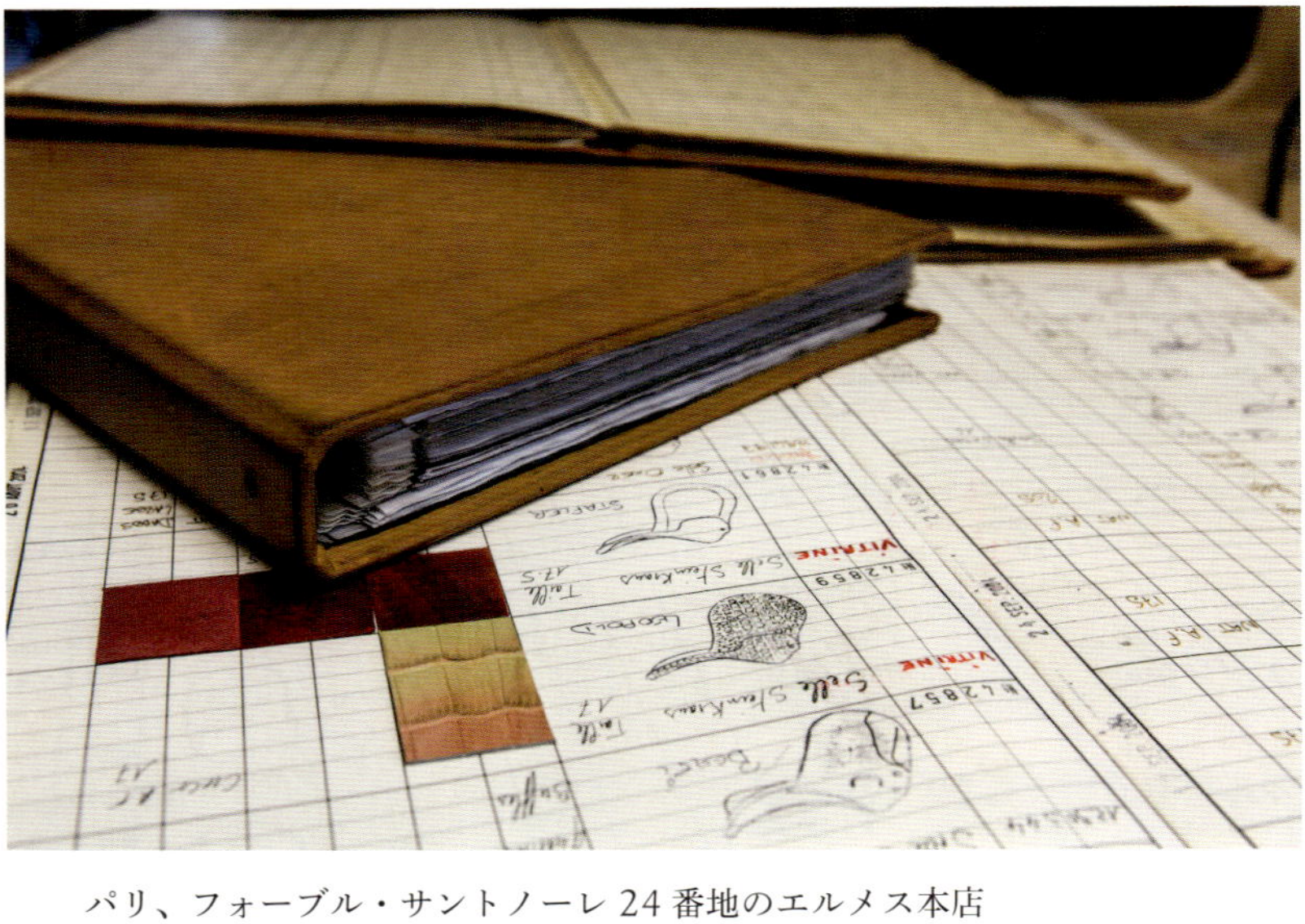

パリ、フォーブル・サントノーレ 24 番地のエルメス本店
の建物にて（5 頁目まですべて）。前頁は 2 階への階段。
その階までは店舗、上階は工房とミュージアムになっている。

緑豊かな屋上庭園（右頁上）。通り側からはパリの街が広がる。扉の向こうは重役室や工房が迷路さながらに連なる。工房で古い台帳を見せてもらうと歴史上の人物の名が。

工房（修理や調整の簡単なもの。大きな工房はパリ郊外のパンタンなどに）を見終わってさらに上階のミュージアムへ。廊下（前頁）で小部屋が繋がる豪華な邸宅風。

収集を始めた三代目は読書家で稀覯本も。「走馬灯」（右頁下）や「鞍」（下の 2 点）、置物など馬に関する品が多く、馬具工房としての出発点を思い出させる（詳細は 76 頁）。

虎屋は、主力工場があり緑の深い御殿場の地に「とらや工房」を開設（詳細は 122 頁）。美しい庭とともに、ガラス越しに菓子づくりを見ることができる。

ここではほかの店舗にはないどら焼きなども。喫茶もでき、
軽食に「たけのこおこわ」や地元の漬け物も。さて、次頁
では「虎屋文庫」の所蔵品を誌面展示したい。

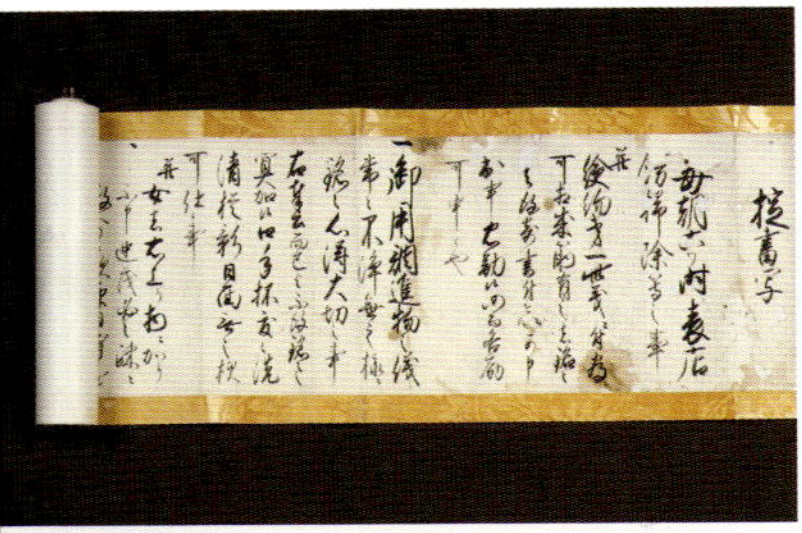
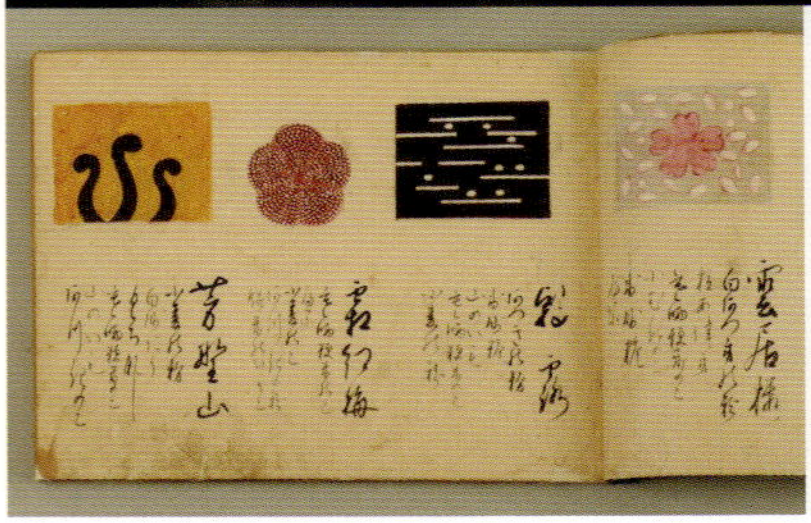

（上２段右〜）「掟書」（1805 年）、菓子木型、「新製御菓子繪圖」（1824 年）、「雛井籠」（1776 年）、虎屋ギャラリー「甘いもの好き 殿様と和菓子」展（詳細は 77、82 頁）。

黒川光博
齋藤峰明

老舗の流儀

虎屋とエルメス

新潮社

はじめに

フランスの高級ブランド、エルメスの本社副社長を、長年日本人がつとめていたということをご存知でしょうか。彼の名は「齋藤峰明」。高校卒業後、単身でパリに渡り三越のパリ駐在所長を務めたのち、エルメスに引き抜かれたという異色の経歴を持つ方です。

昨年エルメスを退職されましたが、齋藤さんの考えと信念には、長年務めたエルメスとほぼ同等の価値観が貫かれています。在職中に私は、三年間という時間をかけ、拙著『エスプリ思考　エルメス本社副社長、齋藤峰明が語る』（小社刊）という本をまとめました。その中で印象的だったのは、「エルメスの真髄はものづくりにある。もしライバル企業を強いて挙げるとしたら、日本の老舗和菓子屋『虎屋』である」という齋藤さんの言葉です。虎屋といえば、社長の黒川光博さんにも、長年にわたって取材しており、『虎屋ブランド物語』（東洋経済新報社）という著作をまとめた経緯もありました。

それではということで、刊行直後に決行したのが、『虎屋』社長の黒川光博さんとの対談トークイベントでした。若者も含めた多くの方々が訪れ、トーク後の質問がはてしなく続く勢いに。その上、この二人の相性もよいようで、「もっと聞いてみたいことがある」と意気投合。それぞれの企業には、老舗だからこその歴史と伝統があります。その共通の土台からひもといていけば、「会社とはなにか」「働くことの意義」など、今後の日本人のとるべき道にかかわるヒントが得られるのではないかと考え、対話を続けてもらいました。

話は、東京、パリ、御殿場（静岡）、そしてまた東京、と場を変えて続きました。僭越ながら、長年両者とそれぞれお付き合いのあった私が、対話の進行と構成を担い、一書にまとめたのが本書です。

二社がライバルであるとするなら、大本をなすところには、相通ずる価値観が存在するはずず、それはいったい何なのか――。長く広く、多くの人に愛される二社の強みを追ってみます。

川島蓉子

老舗の流儀　虎屋とエルメス　目次

齋藤峰明　「エルメス」フランス本社前副社長

1952年、静岡県生まれ。高校卒業後渡仏し、パリ第一（ソルボンヌ）大学芸術学部へ。在学中から三越トラベルで働き始め、後に㈱三越のパリ駐在所長に。40歳でエルメス・インターナショナル（パリの本社）に入社、エルメスジャポン社長に就任。08年よりフランス本社副社長を務め、2015年8月に退社。シーナリーインターナショナルを設立、代表に就任。日仏企業のブランドのコンサルティング活動とともに、日本の伝統技術、デザインアイテムを紹介するギャラリーをパリにオープンするなど、パリと東京をベースに日本の新しいライフスタイルの創出と世界への発信活動を行う。他にライカカメラジャパン株式会社取締役、パリ商工会議所日仏経済交流委員会理事など。フランス共和国国家功労勲章シュヴァリエ叙勲。エルメスでの仕事を語った本に『エスプリ思考〜エルメス本社副社長、齋藤峰明が語る』（新潮社・川島蓉子著）がある。妻、一男二女とパリ在住。

黒川光博　「虎屋」代表取締役社長

1943年、東京都生まれ。虎屋十七代。学習院大学法学部を卒業後、富士銀行（現みずほ銀行）勤務を経て1969年、虎屋に入社した。1991年より同社代表取締役社長に。全国和菓子協会会長、全日本菓子協会副会長、一般社団法人日本専門店協会会長等を務めた。著書に『虎屋 和菓子と歩んだ五百年』（新潮新書）がある。幼少より親交のあった寛仁親王殿下のご著作『今ベールを脱ぐ ジェントルマンの極意』（小学館）では服飾談義を展開している。妻と東京在住、一男二女の父。

〈虎屋〉

室町時代後期に京都で創業。後陽成天皇の在位中（１５８６〜１６１１）から、御所の御用を勤める。関ヶ原の戦い（１６００）で敗れた西軍の武将、石河備前守光吉《いしこびぜんのかみみつよし》を「市豪虎屋」がかくまったという故事が、京都・妙心寺の歴史を記した『正法山誌《しょうぼうさんし》』に見える。当時の店主、黒川円仲《くろかわえんちゅう》を中興の祖とし、当主は十七代目。

１８６９年、東京遷都に伴い、京都の店はそのままに東京へも進出し、１８７９年赤坂に店を構えた。受注販売を中心としていたが、関東大震災（１９２３）を機に店頭販売を開始、１９６２年には、百貨店初となる売店を池袋東武会館（現在の東武百貨店池袋本店）に開設。１９６４年、１階を赤坂店とする虎屋ビルを竣工（赤坂店は現在、建替えに伴い休業中。２０１８年オープン予定）、現在は国内に80店舗を有する（２０１５年度の売上高は約１９１億円、従業員数は９１６名）。

和菓子を通して日本文化を海外に広めたいとパリに出店したのは１９８０年のこと。その経験を活かし、２００３年には和と洋の垣根を超えた菓子を提案する「TORAYA CAFÉ」をオープンした。２００７年には、「とらや　東京ミッドタウン店」をオープンさせ、併設したギャラリーでは年に数回企画展を開催。和菓子にとどまらず和の文化の価値を広く発信している。

一方、虎屋の主力工場がある御殿場の地に、「和菓子屋の原点を再現したい」という想いから、同年「とらや工房」を開設した。

なお、「虎屋」は「とらや」「トラヤカフェ」などを手掛ける企業体を指し、「とらや」は虎屋グループの一ブランドを指す。

〈エルメス〉

ティエリー・エルメス（1801〜1878）が1837年にパリに開いた馬具工房を、自動車の普及を目の当たりにした、孫で三代目のエミール・エルメス（1871〜1951）が多角化し、バッグや腕時計、装身具や服飾品などのデザインから販売までを手掛けるように。グレース・ケリーの名を冠した「ケリー・バッグ」や、ジェーン・バーキンと隣り合わせになった五代目社長が彼女に贈ったという「バーキン」などが人気である。

今では、世界中に直営店が200店舗近くあり、「エルメス・インターナショナル」の売上高は6051億円（2015年度）。同族経営で知られ、創業者一族の六代目アクセル・デュマ氏（1970〜）が、フランス本社「エルメス・インターナショナル」を率いている。進取の気性でも知られ、たとえば、ファスナーを革製品や洋服に取り入れたのも、ショウウィンドウを初めてディスプレイしたのもエルメスだ。

1997年には、漫画家の竹宮惠子氏に依頼し、唯一の社史を漫画で『エルメスの道』と題して制作してもいる（中公文庫コミック版として読める）。工房スタッフの多国籍ぶりも知られているところで、エルメスが制作したドキュメンタリー映画『ハート&クラフト』では、フランス国内4か所の工房で働く職人の姿が描き出されている。

日本では、1978年に直営店を開店し、1983年にエルメスの日本法人として、エルメスジャポン株式会社が設立された。2001年には、銀座に「メゾンエルメス」がオープン。これを手掛けた当時の社長が齋藤氏である。レンゾ・ピアノの設計によるガラスブロック13000枚から成る瀟洒な建物は、ブティックや修理工房のほかに、本社やミュージアムも含む。

構成・文　川島蓉子
写真　Stefano Candito（パリの写真すべて）
青木登（新潮社写真部・とらや工房ほか）
写真提供　株式会社虎屋（口絵8頁すべて）
ブックデザイン　有山達也
岩渕恵子（アリヤマデザインストア）

本書は、『新潮45』（２０１３年10月号）で記事にしたふたりの対談イベントのほか、２０１６年に入るまでの、個別のインタビューも含めた複数回の対談を経てまとめたものである。

なお、解説や（　）内の註は編集部によるものである。

1

虎屋とエルメスの共通点とは

二〇一三年八月、東京・代官山にて

◇従業員は「ファミリー」の一員

黒川　齋藤さんとのおつきあいは、一六年ほどになるでしょうか。それ以前からお名前は存じ上げていましたが、お会いして話したのは、齋藤さんが、エルメスジャポン（エルメスの日本支社。以下、注はすべて編集部）の社長になられた頃のこと。ある雑誌のインタビュー記事を読んだのがきっかけでした。編集者が「エルメスのライバルはどこですか」と質問したのに対し、齋藤さんが「強いて挙げれば虎屋です」と答えられていたのです。「是非お会いしたい」と電話をし、銀座のお店に伺って。

齋藤　そうでした。その記事のことは、ぼくも覚えています。質問した編集者は、ルイ・ヴィトンやシャネルの名前が挙がると期待していたようです。しかし、そもそもエルメスには、「競合相手に対抗する」という考えがないので困ってしまい、つい虎屋さんと答えてしまったのです。後から、たかだか創業一八〇年くらいのエルメスが、勝手にライバル呼ばわりしておこがましいと反省していました。

黒川　エルメスの社長からそう言って頂いて単純に嬉しかったのを覚えています。それに、お会いした時、すごく穏やかな方と感じました。外国企業のトップだから、ビジネススクール出のエリート然とした方だろうと勝手に想像していたのですが、全く違った印象でした。

しかも、考えていることの波長が合い、話しやすかった。

齋藤　ぼくも、全く同じ印象を抱きました。日本を代表する老舗企業の社長をしていらっしゃるのに、軽やかで平易な視点を持っていらっしゃると（笑）。そしてぼくが、虎屋さんについて感じていたことは正しかったと、改めて感じ入ったのです。虎屋さんとエルメスは、企業として、同じことを目指している、似ていると。

そのあと、赤坂の工場（東京都港区）にお招きいただいたのも、忘れられない思い出です。ものづくりの現場を拝見して、エルメスにとってのアトリエ＝工房の存在に近しいものを感じたのです。どちらの企業も、職人の手仕事によるものづくりを基軸に置いてきたのだと、改めて確認しました。

虎屋さんは、たくさん宣伝をして、たくさんのものを売って、大きくなることだけを目指している企業ではないですよね。脈々と続いてきた伝統を守りながら、新しいことに挑戦している。そういった点も、エルメスに似ていると感じました。

また、代々継いできた家業という点も共通しています。エルメスはエルメス家が代々継いできた会社で、現在のアクセルさんで六代目になります。虎屋さんは、黒川さんで一七代目になられるとか。家業でも歴史は三倍くらい違うんです。

ただ、恐らく家業というのは、続けていくことが前提としてあるわけで、自分の代だけ儲けて幸せになればいい、ということには絶対にならない。先代から引き継いできた財産を活かしながら、その時代その時代に合った事業を行い、次の代に引き継ぐことが、いわば生業《なりわい》になっているのです。
そういう企業で働いていると、自分自身も含め、従業員全員が、「一家＝ファミリー」のメンバーのようになっていく。ひとつのことを目指して、皆でやっているという感覚が自然とあるのです。企業と従業員のかかわりが近くて密ということですね。

黒川　私は、バッグなどエルメス製のものを幾つか持っているので、少しは語らせていただいていいと思うのですが（笑）、「ひとつのことを目指し、一体感を持つ」という考え方自体、弊社と似ています。齋藤さんがおっしゃる生業とは、まさに、それを指していると感じました。

「歴史ある企業の中で、変えることと変えないことの判断をどのように下し、今にいたる道を築いてきたのか」という質問をよく受けるのですが、変えていいこと、いけないことを判断するのは、そんなに簡単ではありません。外の方は今までの軌跡をご覧になってそう質問されるのでしょうが、正直なところ、私にもわかりません。その時その時で真剣に検討して考えてきたものがあるわけで、その結果が継続につながってきただけのことです。やってきたことが必ずしも成功だけではないですし。ちょっと無責任な言い方になってしまいますが、成功しても失敗しても、理由は後からいかようにもつけられるように思います。

齋藤　瞬間瞬間で重ねていく無数の判断は、自ずと大きな時間の流れを意識して行っている。

ぼくもそうしてきましたし、黒川さんも恐らくそうですよね。だから、軌跡を俯瞰《ふかん》してみると、時代に添って変化しているように見える。変わらないものがあるからこそ、変わらなくてはならないということです。

黒川　時間の感覚をどう持つかは、大事なことだと思います。

齋藤　たとえば虎屋さんのお菓子について、最上級のいいもの、おいしいものを作るという理念は変わっていない。けれども「おいしいものって何だ？」という基準は、時代によって変わっているはずです。五〇〇年弱にわたって、まったく同じお菓子を作り続けても、受け入れられないと思うのです。

黒川　「味は変えないのですか」とよく聞かれるのですが、「味は変わるものだ」と私は思っています。今、食べてくださる方に「おいしい」と思っていただかなければいけない。ということは、極論してしまえば、今日と明日で違うかもしれないし、少なくとも数十年前とは違ってくるはず。ただ実際、どれくらい味を変えているのかと言うと……実は、さほど大きく変わっていない（笑）。

　というのは、最初に作った時に、相当吟味をしていますから、それを超えるおいしさが一朝一夕には作れないのです。ただただ「おいしい」というレベルを維持するためにどうするのかを、突き詰めてきた。その結果、あまり大きく変えずに今にいたっているというのが、「味は変えないのですか」という問いへの答です。

齋藤　ということは、最初に作った時に、それだけ高い完成度だったということですよね。エルメスでも、ものづくりについては常に、そのレベルの完成度を目指してきました。

黒川　時代の潮流に追随するのではなく、本質的に良いものかどうかを、常に追究し続けてきたのかもしれません。

齋藤　エルメスも、毎シーズン、ファッションという流行の中で売っているのだから、世の中のニーズに合わせてものを作っているのではと誤解されがちですが、まったく違うのです。エルメスは、流行ではないし、ファッションでもないし、ブランドですらないと思っています。

◇流行に惑わされない

齋藤　エルメスの考え方に、「長きにわたって愛用してもらう」というものがあります。エルメスのものは、お母さんから娘さんへ、二代あるいは三代にわたって使ってもらうことが少なくないのです。つまり、一過性の流行でデザインを変えることを良しとしては来なかった。バッグの「ケリー」や「バーキン」が、それを象徴していると思うのですが、どちらも五〇年くらい、ほとんどデザインを変えていません。

もう少し具体的に言うと、「今シーズンはこの色や素材がトレンドだから作りました」ということを、エルメスはやってこなかった。そうではなくて、職人たちの美的感覚、質に対するこだわりを形にしてきたのです。

つまり、職人が徹底して自分と向き合い、時代の風を意識して、新しいものを生み出してきた。だから、エルメスのものづくりとは、マーケティングありきではなく、職人やデザイナーが「こういうものがあったらいいな」というところから始める。そういった積み重ねの結果、今のエルメスがあるのです。

黒川　そう、ものづくりとは、マーケティングありきでなく、「こういうものがあったらいいな」ですね。

齋藤　マーケティングという言葉を、ぼくはあまり使いませんし、エルメスでも「売るためのマーケティング」みたいなことはやってきませんでした。では、どうやって新しい商品を世に送り出してきたかを説明すると、年に二回、大きな展示会を行うのです。職人たちが作った新商品を二〇万点ほど並べるのですが、徹底して吟味していくので、半分以上は商品化にいたらない。最終的に、パリのフォーブル・サントノーレ本店に並ぶのは、ほんの二割程度。選び抜かれた一握りの商品だけが、新たに世に出ていきます。効率で言えば決して良くはないのですが、「長きにわたって愛用してもらいたい」という意思を貫き、こういうものづくりを続けてきたのです。

黒川　新しいものを商品として世に出す時に、慎重に吟味するという姿勢は、弊社も同じです。単なる流行で終わらせてはいけないので。

齋藤　ファッションとは怖いもので、ただ流行を追っているだけだと、最初の年は売れても、次の年に廃《すた》れてしまう可能性が高い。エルメスでは、そうやって売れ筋を確保していけばいいという考えを良しとしていません。その姿勢を貫いて、ものづくりを続けてきたと言っていいかもしれません。

たとえば、今から一〇年ほど前のことですが、『エルメス・トート』と呼ばれたシンプルで手頃な価格のトートバッグが、日本で大流行しました。これはもともと、南仏のヴァカンス地で使われることを想定して生まれたもので、ホテルからビーチまで、タオルを入れて持っていくための商品でした。ところが日本では、タウン用として爆発的に売れてしまった。「初めてエルメスのバッグを持つことができた」というお客様も多かったのです。有難い話ではありますが、本来とは異なる使い方で広がり過ぎ、誤解を生んでいると感じました。「こういうものがあったらいいな」という発想を尊重することが、職人にとっても、企業にとっても大事と考え、熟慮した結果、五年目に販売中止に踏み切ったのです。

虎屋さんでは、新しいものづくりに対して、どのような姿勢でのぞまれているのでしょうか？

黒川　虎屋も、たくさんの新しい試みに挑戦してきました。テーマ自体はその時々で異なりますが、外部の方と組んで行うケースも多いですね。

たとえば以前、ファッションデザイナーの皆川明さんとご一緒した時、キャンディーのように小さな球形の羊羹に棒を差したものを作っては、というアイデアをいただいたのです。羊羹は型に流し込んで作るので、継ぎ目がほとんど見えない球形にするのが実はとても難しいのですが、職人が一生懸命取り組んで、何とか実現することができました。そうやってできあがってみると、見た目も楽しいし、羊羹の食べ方として新しい提案ができるということで、販売も行いました。お客様からも好評をいただいて、皆川さんも、私どももたいへん喜んだのです。

だからといって、定番商品にするかどうかはまた別の問題で、こういった挑戦のほとんどは、今のところ、期間限定として行っています。定番商品にできるものがあれば、そうしていきたいと思っているのですが、その場合も、吟味した上で判断しなければなりません。

こういう挑戦を続けるのは、職人に投げられた提案に対して、一生懸命に応えていくことで、新しい技術の開発につながってきたからです。虎屋が五〇〇年にわたって続けてこられたのは、そうやって磨き続けてきた職人の技術力があってこそという思いもあります。ある程度の〝無理難題〟も含め、その時代や社会の要請によって、職人の技術力は鍛えられてきたのではないでしょうか。

齋藤　そのお話は、エルメスでもまったく同じです。もともと馬具屋からスタートしたのがエルメスであることは、多くの方がご存知かもしれませんが、一八三七年の創業当時、パリ市内には、馬が何万頭もいて、貴族をはじめ、高貴な階層の人たちが、馬車を使って移動していた。彼らは、自分の趣味やこだわりを、馬具で表現していたのです。それで、エルメスにやって来ては「こんな素晴らしい馬具を作って欲しい」と注文するわけです。そういったお客様の要望に対し、職人が真摯に応えていくことから工夫が生まれ、技術が磨かれてきたのです。その姿勢は、バッグ、時計、スカーフ、ネクタイなど、商品分野が広がっても、まったくぶれるところがありませんでした。「こんなものがあったらいいな」をもとに、職人の技術を究めてきた先に、今のエルメスがあるのです。

◇すべては職人の経験からはじまる

齋藤　ぼくがエルメスジャポン（日本支社）の社長をしていた時、銀座五丁目に「メゾンエルメス」という旗艦店を作りました。その時、一〇階建ての建物の構造を、一本の逆さの木になぞらえました。上層階が根っこで、下層階が枝葉というイメージです。そして、上層階には職人がいるアトリエや、エルメスの歴史を見せるミュージアムを置いて、下層階にはブティックを設けたのです。どういうことかというと、葉が繋っている下層階のショップの部分は、空気や太陽に触れてエネルギーを受け取る場、つまり、お客様の声を取り入れるところで、それを栄養分として、根っこである上層階のアトリエに届ける。一方、根っこであるアトリエで培われたものが、豊かな葉として人々の目に触れる。そういう発想でやってみました。

黒川　なるほど、歴史ある会社ならではの考え方で、しかもユニークですね。

齋藤　先ほど、黒川さんが触れられた職人の技術を磨くことについても、エルメスでは工夫を重ねてきました。

毎年、あるテーマを設定してものづくりをしているのですが、「地中海」がテーマの年がありました。フランスの文化はラテン文明を発祥としていて、ルーツは地中海にあるので、そこをもう一度理解しようということになった。それで、職人たちにギリシャのデルフォイ（古代ギリシャでは「世界のへそ」とされた場所で、神殿の遺跡がある）に行って、文明の源泉に触れてもらうことにしたのです。

その結果、どうなったかというと、「色」の発想が、実に魅力的で豊かなものになりました。たとえばブルー系は、エーゲ海、アドリア海、コートダジュールなど五～六種類はあったでしょうか。グリーン系は、オリーブの葉の色からインスピレーションを得たものが六種類くらい。ブラウン系は、地中海に面した土の色という風に、幅も奥行きも素晴らしいものが生まれてきた。

こういう発想は、見本を見ながら、色を選ぶやり方からは、絶対に出てこないもの。職人が現地に行って、直に触れ、そこからヒントを得なければできないことなのです。

これについては、おまけのようなエピソードがひとつあるのです。銀座の「メゾンエルメス」に、お客様が手帳のカバーを買いにきて、「どの色にしようか」と迷っていた時、販売員が「地中海のブルーです」と五〜六種類をお見せしながら、「これがエーゲ海のブルー、これがアドリア海のブルー」と説明したら、エーゲ海という言葉に心動かされた様子だった。実はその方、新婚旅行でエーゲ海に行っていらして特別な思いがあったとのことで、喜んで買ってくださったそうです。

このように、職人の思いがものに表現され、それがお客様に伝わっていくことで、幸福なかかわりが生まれる。ものを介して、職人とお客様の思いがつながると言っていいのかもしれません。

黒川　職人とお客様の気持ちをつなげるために、職人に色々な経験をしてもらうことは、やはり大事ですね。

そう言えば、こんなこともありました。二〇年ほど前になりますが、ある職人に、何年かかってもいいから日本中の和菓子屋さんを回って勉強してこい、と言って送り出したのです。

齋藤　どうなったのですか？

黒川　始めは嫌々出かけていったように見えたのですが、色々なお菓子屋さんを巡るうちに、どんどん変わっていったのです。最初のうちは、「おいしい」「まずい」と味でお菓子を見て回っていたのですが、続けるうちに「解像度」が上がっていったようでした。

そのうちに、「初めての地を訪れると、まず図書館や郷土資料博物館に行くことにしました。その町がどのように成立し、どんな時代を経て今日があるのかを知ることによって、そのお菓子が受け入れられた理由がわかるので」と言うようになったのです。これはすごくったなと思いました。どこの地域のどんなお菓子屋さんでも、菓子の存在価値は土地とのつながりにあることを、身を以て理解してくれたのが何より嬉しかったですね。

齋藤　そういった職人の経験は、売れ筋を追うだけでは得られない価値のあるものです。そういう積み重ねがあってこそ、長きにわたって愛される本物が存在し続けてきたのだと腑に落ちました。

本物とは、文化の壁を越えて受け入れられるものだとも思うのです。実際、虎屋さんのパリのお店を覗けば、和菓子ファンのフランス人であふれ返っている。ランチに和食を食べている人もたくさん見受けます。とにかくいつも満席で、入れないくらいの人気ぶりです。

◇日々の生活の中に発想は生まれる

齋藤　パリでは最近、日本酒が展示会のオープニング・パーティでふるまわれたり、コシヒカリがレストランのメニューに出てきたりと、日本の食文化がどんどん受け入れられています。和食の世界（ユネスコ無形文化）遺産登録も追い風になりましたね。

一方、伝統工芸品となると、こちらはなかなか難しい。たとえば着物という領域で考えると、明治維新で洋装文化が入ってきて、職人は実用品としての着物を作る必要がなくなってしまった。急激なライフスタイルの変化に対応しきれなかった領域であり、日本の伝統工芸品の中には、そういうものが少なくない。人々のライフスタイルがどちらへ向かっているかを読み、それに対応したものづくりをすることが、うまくできていない。それは、企業や産業にとって死活問題にかかわる重要なことなのです。

エルメスも、馬車から車へと、人々の移動手段が急激に変化した一九〇〇年から二〇年ほどの間に、大きな選択を迫られることになりました。時代は急速に工業化へと向かっていて、均質な製品を工場で大量に機械生産する仕組みへと、様変わりしていく。職人の手仕事による馬具作りを続けても、先細りになることは見えている。そういう時代の変化、ライフスタイルの変化の中にあって、エルメスは何を生業としていくかを考え抜いた。

そして、機械生産によるのではなく、「職人の高度な手仕事」を守り続ける道を選ぶとともに、車が主たる移動手段になる中で、必ず求められる「バッグ」という領域に踏み込んだ。つまり、生業を馬具ではなく、「職人の高度な手仕事」に置いた。今でこそ、正しい判断とされていますが、当時を振り返ると、周囲は工業化一辺倒だったわけですから、職人の手仕事を選んだのは、いわば時代に逆行することです。まさに、「革新」と言っていい大きな判断だと思います。

それ以降も、時代が変化する中で、エルメスは無数の判断を迫られるわけですが、「職人の高度な手仕事」という生業を貫いてきた。だから長きにわたって続いてきたのだと、ぼくはとらえています。

日々働く中でひらめく、ちょっとした発想が、後から見ると、実はすごいものを生み出しているのではないでしょうか。

黒川　今までの経験から生まれるひらめきは、意外と正しいのです。

齋藤　エルメスの場合、スニーカーなどは、その好例と言えます。バスケットシューズのようなスポーツ用ではなく、通勤にも履いていけるファッショナブルなスニーカーは、実はエルメスが生み出したものなのです。

きっかけは、一四、五年前のこと、あるデザイナーが、ニューヨークの働く女性たちが、冬の間、凍っている舗道を歩くために、運動靴姿で出勤するのを目にし、「通勤は運動靴を履いてきて、職場でハイヒールに履き替える。そういう面倒をしなくてもいい、おしゃれなスニーカーがあればいい」と思いついたのが始まりでした。

その後、プラダをはじめ、様々なブランドがスニーカーを登場させたのは周知の事実です。これなど、日常の何気ない風景から、ライフスタイルの変化をキャッチし、ひらめいた発想が実を結んだ結果と言えます。

「ドゥブルトゥール」という、ベルトの部分を二重巻きにして身に付ける腕時計もそうです。

シンプルなベルトをくるりくるりと二重巻きにすることで、手首の見え方がぐっとエレガントになってくる。それも、華美な装飾や、過剰なデザインを施しているわけでは決してなく、手首を二重に彩る腕時計が、さりげない自己表現をしてくれるのです。時間を確認するための時計という道具を、身に付ける自己表現のひとつとして、新しい発想で工夫した事例と言えます。

スニーカーにしても「ドゥブルトゥール」にしても、お客様から大きな支持を得て、ロングセラーとして愛用される商品になっていきました。奇を衒《てら》った発明というより、暮らしに結びついたひらめきや発想が、きちんと存在しているから、そういう結果になっていったわけです。

そう思うと、生活から生まれる新しい発想が、実は「革新」につながっていく。それをたゆまず続けてきた軌跡が「伝統」となっているのです。

2

「会社」「働く」を突き詰める

二〇一四年二月、東京・神楽坂にて

◇会社とは何かを突き詰める

齋藤　日本は、「会社は皆のためにある」ととらえる人が多いように感じます。大半の人は、会社は株主のためというより、従業員やお客さん、社会のために存在しているというと納得します。それは、心のどこかに「生かされている」、ないしは「皆で一緒に生きている」という考えがあるからでしょう。一方、フランスで同じ話をすると、自由主義社会の中で、国家がどこまで会社を統制すべきか、放っておくべきかという話になる。国家と民間企業の役割分担の議論になっていくのです。

黒川　面白い。考え方の土台が違うということですね。

齋藤　そうです。組織の構成員としての価値観の違い、もっと言うと、人生観の違いにまで及ぶ話です。

　フランスの場合は、延々と議論が盛り上がることが少なくはありません。何事にも自分の意見を持ち、人と議論することが当たり前のように根づいているのです。ですから、たとえば社員に向けて話をする際、日本とフランスで言い方を変えなくてはなりません。議論より協調を大切にする国の人と、議論することが前提にある国の人では、話の聞き方もまったく異なるので。

たとえば、少し前に、マイケル・サンデル（米国の哲学者、政治哲学者、倫理学者。著書に『ハーバード白熱教室』『これからの「正義」の話をしよう』などがある）の本が日本で随分と売れました。その理由は、「こういうのはおかしくないですか？」と書いているからではないでしょうか。つまり、「どうしろ」と断言していない。そこが多くの日本人の共感を呼んだのだと思います。

黒川　結論を出していないわけですね。

齋藤　そうです。フランスでは、ああいう内容の本が、日本と同じように売れるとは思えないのです。

会社の会議ひとつとっても、日本では、会議の進め方自体が形式に則《のっと》っていて、議論にっていかないことが大半です。話し合いと言っても、「いやぁ、いい考えだ」「君はどうだ？」「それは素晴らしいね」で終わっている。どちらにするという明快な結論を出さないまま、別の話に移っていくわけです（笑）。それがフランスの場合は、「こういうことがある。それは、ここに原因があるのだから、こうしていこう」という議論になり、必ず結論を出さなくてはならないのです。

黒川　そのフランス式、いいですね。私は社内で「曖昧体質からの脱却」と呼んで運動中です（笑）。齋藤さんがおっしゃるように、日本は「いい考えだね」「そのやり方もあるね」ということで終わってしまいがちで「どっちに決めるのか」となっていかない。ただ、物事を進めていくには、「いや、それは違うのではないか。こういう風にしよう」「どちらがいいか、ここで決めよう」と結論を見据えなければいけないと思うのです。

齋藤　本来は、議論した方が結論を導き出せるはずですよね。

黒川　「私は、こう思います」「私は、違います」と、きちんと議論して方向性をはっきりさせないと、ずっと曖昧なままですから。

齋藤　でも、日本人は、あまり自分の意見を言わないから、そもそも議論にならないでしょう。

黒川　特に最近、断言しない風潮が高まっていると感じます。「個性を出そう」と言う割には、そうなっていっていないような。たとえば先日、電車の中で隣の学生たちの会話を聞いていたら、「自分的にはこう思う」などという言葉を口にするのです。「自分的には」ではなく「自分は」と言えばいいのに。「個人的には」という言葉にも、どこか無責任な感じがつきまとっている気がします。「あなたの意見を聞いているのだから、個人的なのは当たり前のことではないの」と思ってしまいます（笑）。

齋藤　うまく責任回避しながら話を進めたいから、そうなっていくのでしょうね。そして最後は、何となく「じゃ、これで」と終わるのですが、当たりさわりのないことを話しただけのような気がします。やはり日本の人は、断言を避けるところがあるのでしょう。

黒川　もちろん、曖昧でもあるかもしれない。その場で表面的に仲良くできるし、痛みを自分のものとして感じながら、周囲と協調できる。ただし結論は出さない。でも、言い方は悪いのですが、それは傷口をなめ合っているようで、よいことではありません。

弊社も例外ではありません。会議の席でも、「まあ、今日はこれで」で終わりそうになり、「それでどうするのか」と聞けば、結論を出そうとするわけです。ただ、気質は一気に変わるものでもないので、言い続けないとダメですね。何でもそうですが、やり続けていかないと変わらない。まだまだ変わらなければと思っています。

齋藤　虎屋さんの場合は、確固とした企業文化が根づいているので、多少曖昧なところがあったにしても、本質が揺らぐことはないのではと、勝手に推察しています。基本をなす土台があって、それがある程度の規範になっている。だからこそ、五〇〇年弱にわたって続いてきたのでしょうし、これからも続いていかれるのではないでしょうか。

ただ、フランスと日本を行き来しながら日本という国を見ていると、最近とみに、釈然としないものを感じるのです。

黒川　今までの日本は、曖昧でやってこられたのでしょうが、これから、そうは行かないと。

齋藤　そうです。ネット社会になって、コミュニケーションのやり方が変わってくる中で、日本という「村」の曖昧さは、ほぼまったく通用しなくなっている。若い人をはじめ、一部の人は気づいているのですが、もっと多くの人が、そのことに気づいて、行動に移してくれたらいいと思います。

つまり今は、日本にとって大きな転換期と言えるのではないでしょうか。「曖昧体質からの脱却」です（笑）。そのためには、もっともっと、前へ進むための議論をしていかないといけませんね。

◇「無視する」技術

齋藤　英語で「イグノア（ignore）」という言葉があります。フランス語では「イニョレ」です。「無視する」という意味ですが、フランス人の交渉術の中で、「無視する」は常套手段のひとつになっているのです。たとえばパーティの場で、話しかけられても、あえて聞かぬふりをすることがある。いや、もしかすると、ふりもしない（笑）、聞かないのです。これは、国と国の外交においても同様で、ある国が何か言ってきても、平然と「無視する」ことがある。フランスに行ったばかりの頃は、理解できなくて驚いたり、傷ついたりもしました。ただ、いろいろな経験を積むうちに、「無視する」ことは、一種のコミュニケーション技術と思うようになったのです。「聞く」と答えなくてはならなくなるから、積極的に「聞いていません」という態度をとる。言葉を交わしてもうまくいかないと感ずる場面では、徹底して話さない。これも、優れた知恵のひとつであり、立派な外交技術だと思うのです。このしたたかさ、フランスはさすが外交の国だと思います。一方、日本はどうかというと、無視することができなくて悩んでしまうわけで（笑）。

黒川 日本人が苦手な領域です。

齋藤 長い歴史の中で、各国と渡り合ってきたフランスは、やはり外交に長《た》けているのです。特定事項を決定する会談となると、「あの人でないと話さない」と対等の立場を求めます。こちらは次官だから、あちらも次官でというわけです。また、会ったこと自体が意味を持つことは暗黙知ですから、「会うのであれば、これを絶対に決めよう」となる。そういった知恵や技術の蓄積があるのです。

黒川 日本はそのあたり、得意ではないのでしょうね。それに、「無視する」知恵というのも、お話をうかがうと腑に落ちるのですが、いざ自分がやれるかというと、なかなかできないのかもしれません。たとえば、誰かが私を訪ねてきたいというのであれば、会わなければ申し訳ないと思ってしまうのです。

齋藤 そのあたりは、実はぼくも、しっかり日本人でして（笑）。

黒川 齋藤さんは、普段の暮らしの中で、二つの国の思考と言語は、どう使い分けているのですか。

齋藤 フランスにいる時は、フランス的な思考回路で考えて話していますが、日本に来て、日本人と話す時は、日本的な思考回路で考えて話している。日本人だったら、フランス人だったらというより、両面から考えることを当たり前のようにやっているのです。それも、どちらがいいということではなく、たとえば日本にとっては、どういうやり方がいいのかを考えてみる。フランスについては、どうしたらいいのかを考えてみるといったことでしょうか。

黒川　そうやって日本とフランス、双方の視点を持っているから、齋藤さんは日本の強みや弱みが、よく見えるのでしょうね。

今の話で言えば、意見の違う国と交渉する術を長年にわたって鍛えてきたのは、フランスという国の大きな強みですね。

齋藤　日本は島国だったこともあって、そういう意味での外交をしてこなかった。政府の一部はしていたのかもしれませんが、一般の人は、日本語の通じる文化の中で育って、違う文化の人と接する機会が少なかった。異文化の人と交渉して言い分を通していく技術が身に付かないのは、当然と言っていいのかもしれません。

黒川　けれども、グローバル化が進む中で、良い意味での交渉術は、今や必要不可欠と言えるでしょう。政治に限ったことではなく、会社においてもそうだと思います。

◇「会社が良くなる」とは

齋藤　震災の後、若い人を中心に、ボランティア活動にかかわる人が、随分と増えました。やりがいや生きがいを求めてボランティアに携わり、他人を助ける素晴らしさを体験した若者が増える一方で、大人たちは、それを活かす場を提供していないと感じてもきたのです。そういう力を、いざ産業に結びつけようとすると、限界があるようにも見える。それで、ささやかではありますが、そういうＮＰＯやソーシャル・ビジネス、社会的な貢献を目的とした仕事を個人的に応援し始めています。

ソーシャル・ビジネスで仕事が成立するようになれば、若い人たちも毎日の仕事を通じ、自分たちのやりたいと考えている、社会への貢献ができていくのではという思いもあります。以前は、大企業や有名企業に勤めれば安泰で、ある程度出世することが自己実現というモデルがあったわけです。ところがバブル崩壊後、大企業でさえ、つぶれる事態が次々に起きている。しかも、縦割り組織の中で、小さな歯車のように働き続けても、手ごたえがあまりない。出世することが必ずしも幸せを意味しない。そんなことが明らかになってきたのではないでしょうか。高度経済成長時代以降、一気に会社が大きくなる中で、自分の仕事が社会とどうつながっているかが、見えづらくなってしまった。

だから、若い人にとっては、自分がどんな仕事をすれば、世の中に役立つことができて、活き活き働けるのか、そして幸せになれるのか、道筋が見えなくなっていると思うのです。

若い人たちはそうやって、新しい働き方を模索しているし、会社という組織の有り様についても、新しい形がないのかと、ベンチャーなどで実験を始めている。今後の仕事のあり方は、今までと明らかに変わっていくと感じています。

だから、若い人に向けて、「こういうやり方でも成り立つ」という形を具体的に見せれば、少しは手助けになるのではと思い立ったのです。理屈で「ああだこうだ」と指摘するよりは、具体的な形で見せる方が、本来の意味でお役に立てるのではないかと。

黒川　大企業の中で、誰かの役に立っていることが実感しにくくなっているのは事実です。どの企業も、そこを考え、実践していくことが求められているのでしょう。

齋藤　エルメスという企業は、働くことを通じて社会と接点を持つこと、人々を幸せにして自分も幸せになること、そういう考えを根底において、企業活動を続けてきました。それは、虎屋さんも同様ではないかと、ぼくは感じています。

　黒川さんは、いつもおっしゃっていますよね。会社で働く大きな目的は、あくまで人を幸せにすること。つまり、お客さんが喜んでくださって、従業員がそれを受け止めて喜ぶ。そうやって、笑顔の輪が広がっていくことが、会社が掲げている目標であると。一人一人の社員が、社会と接点を持って働く喜びを実感すれば、自然とその会社は良くなっていくと思うのです。

黒川　会社が良くなるということは、規模が大きくなったり、利益が増えることと捉えられている風潮があります。もちろん、経済活動を営んでいる限り、利益を上げることは大切ですが、それがすべてではないはずです。おっしゃるように、自分のやっていることが人の役に立っていることを実感できるか。そして、社会とのつながりを感じていられるかどうか、これは忘れてはならないことです。そうは言っても、自分の会社がそれをできているかというと、まだまだなのですが。

齋藤　いや、お世辞抜きで、虎屋さんは行き届いていると思います。

黒川　そうですか。ありがとうございます。

◇「会社の常識」と「社会の常識」との乖離

齋藤　これから世の中は、凄いスピードで変わっていくのに、日本企業の場合、まずお伺い書を出して、稟議書が回って、許可のハンコが押されてという複雑な手順を、相変わらず続けているところが少なくないようです。

そのあたり、たとえばシリコンバレーでは、まったく違うのです。新しいことは、まずやってみる。ピラミッド型の軍隊のような組織ではなく、フラットな組織をベースに、プロジェクトごとに自由にチームを組んで進めていく。進めながら欠点があれば修正を重ね、どんどんやっていく。プロジェクトの目的に向って、切り拓《ひら》いていくエネルギーとスピードに集中していく。ああいったのを見ていると、巨大化して凝り固まっている日本企業は、どんどんダメになっていくような気がします。

ぼくが日本企業で働き始めたのは一九七三年ですが、まさに軍隊だと思いました。すべての情報が、上から命令形式で下りていく方式が常識となっていて、横同士でつながることがないのです。

最近は、欧米型のフラットな組織を目指そうというところも出てきているようですが、実際のところ、なかなか変わっていかない。ピラミッド型の旧態依然とした組織の形は、このままでは崩れないのではないでしょうか。

日本の企業が大きく舵を切らなければならない状況を鑑みると、今までの組織では、やはり無理だと思います。終身雇用を踏襲して同じ構成員で続けてきた中で、従来の枠組みを変えることは難しい。思い切って外の風を入れることも必要ですよね。

頻発している日本企業の不祥事の多くは、社会の常識を超えたところで起きているとしか思えないのです。経済成長を推し進める中で醸成された「会社の常識」が「社会の常識」を逸脱していることに気づいていないのです。「社会の常識」から見たら、明らかに非常識なのに、「うちの会社はこうしてきたから」と「会社の常識」で対処してきた。その歪みが不祥事として露呈したと言ったらいいでしょうか。組織が肥大化し、硬直していく過程で、いつの間にかずれていった価値基準が、平然と罷《まか》り通っているとしか思えないのです。

黒川　気をつけないと、恐ろしいことになりますね。

齋藤　そうです。この前、日本の大手企業に何十年も勤めている方とお話ししたのですが、驚いたのは、すべての考えが、その企業の論理に拠《よ》っていることです。つまり、企業の論理と自分の論理が一体化してしまっている。これは、その人自身にとっても、会社にとっても良くないこと。日本企業の悪い面を垣間見たように感じました。

「会社の常識は、社会とずれているのではないか」と、社員一人一人が改めて考えてみることが大事なのではないでしょうか。

黒川　新聞で読んだことがあるのですが、自民党の河野太郎さんは大磯に住んでいらして、電車で通うことにされているそうです。時間が正確だし、本を読むこともできるから、電車のほうが楽なのだと。でも、周囲の議員の方々から、「それはおかしい」と言われたというのです。社会の常識で言えば、電車通勤は当たり前のことですが、議員の常識で言えば、専用の車通勤が当たり前ということ。これも、「会社の常識」と「社会の常識」のずれと言えるのかもしれません。

齋藤　まさにそうですね。

黒川　河野さんで思うのですが、原発についても、廃止することもひとつの選択肢として考え、議論を重ねていくことが大事であり、まったく「考えない」というのはおかしなことですよ。

齋藤　原発については、将来、日本の国をどうしていくかという、いわば国の方針に関わる大きな課題だと、ぼくはとらえています。原発を稼働させないと石油を買うことになるから財政の赤字が増える。だから稼働させなければならない……政治もメディアも、経済的な収文だけをもとに、議論しているような気がしてなりません。

そうではなくて、日本は、世界の中でこういう国を作って国民の幸せを実現していく。だから、エネルギー問題についてはこう考える。そういった大きなビジョンのもとで、原発という課題について語ることがなされていない。日本は、国としてのビジョンを描くことが下手だと感じざるを得ないのです。だから、議論が広がっていかないのでしょうね。

黒川　ビジョンを持ってリーダーシップをとることは、企業だけでなく国にとっても、大事なことと言えますね。

◇リーダーシップは毎日の発信から

齋藤　時々考えるのですが、経営トップとして、方針を決めたらそれに向かって進む。その時に必要なリーダーシップとは何なのかと。

黒川　何だろう？　「覚悟」ですかね。

齋藤　「覚悟」、ぼくもそれに近いと思います。リーダーは、人を束ねていく責任がある。どういう経緯でリーダーになったかはともかく、経営トップであるならば、従業員の気持ちをひとつにして、日々、動かしていくのが仕事。その覚悟を強く持って、のぞまなくてはならないと。

黒川さんの前で僭越ですが、エルメス本社の経営陣の一翼を担うようになった時に、経営者としてすべきことが、より明快になりました。経営者とは、常にメッセージを出さなければならない。たとえ一日でも、経営者からメッセージがないと、従業員は「昨日やっていたことを続ければいいのか」「何もしなくていいのでは」と思ってしまいかねない。「昨日と同じことをやっていていい」とトップが認めれば、その企業は沈滞してしまう、イコール衰退してしまうわけです。だから、次へ次へと進む声をあげていかなければならないし、そのための指示をしていかなければならない。毎朝、起きたらシャワーを手早く浴びて、「今日、これやらなくちゃ」と飛び出していくぐらいでないと（笑）。

黒川　同感です。私もできるだけ頻繁にメッセージを出すようにはしているのですが、もっとやらなくてはと思っています。それと、強いリーダーシップを発揮できるのは、ある年齢までだと思います。日々のバイタリティや発想、中味はもちろんですが、勢いというものが必要だからです。人によって差があるとは思うのですが、おおよそ七〇歳ぐらいまでが、強いリーダーシップが発揮できる年齢かもしれません。

私自身の経験を語ると、リーダーとして本当に力が発揮できるのは、四五歳くらいから六〇代半ばぐらいと思うのです。

若い時期は、勢いはあっても、知恵や経験がまだまだというところがあって、自分でも四〇歳を過ぎたくらいから、「これはこういうこと」と理解できることが増えました。それが、五〇歳を過ぎるとさらに、「あれはこういうことだったのか」と理解が深まっていく。「あの頃は、少し浅はかだった」と反省することもあったりして（笑）、それが六〇代半ばくらいまで続いていく。知的にも体力的にも、そのあたりまでは何とか保たれている。

七〇歳を過ぎた今は、「少し歳をとり過ぎた」と感じることがあります。人生全体を俯瞰《ふかん》してみると、充実してはいるのですが、やはり四〇代後半から六〇代頃が、最も強いリーダーシップを発揮できていたかもしれません。長くやり過ぎていますね（笑）。

一方、「今の若い人はダメだ」と言う人がよくいます。だけど私が若い頃も、同じように「まだまだだ」と言われたものです。いつの時代もそこは大きく変わらないのかもしれません。そして、歳を重ねた人の方が少しは知識があるかもしれないですが、それも大したものじゃない。私が知る限り、今の若い人は、大いに見どころがあると思います。

齋藤　「若者はダメ」という目線そのものを変えなくてはいけませんね。若い人がリーダーになった時、周囲に老獪《ろうかい》な参謀がいればいいのだと思います。今だから言えますが、自分が四〇代でエルメスジャポンの経営トップになった頃を振り返ると、「正しい」と思っていたけれど、違っていたことがたくさんありました。経験豊かな参謀がそばにいてくれれば、もっと良かったのにと。

黒川　齋藤さんが「正しい」と思っていたのに違っていたこととは、どんなことだったのですか。

齋藤　いやいや、話すと三時間はかかります（笑）。いずれにしても、経営トップとは、強いリーダーシップが求められるものです。

黒川　日本では、社長は雲の上の「偉い」存在になってしまいがちです。

齋藤　ぼくも、エルメスジャポン時代、副社長から社長になった時、世界ががらりと変わったのに驚きました。「ええ？　社長って、こんなに偉いものなのか」と思う一方、たくさんの扉が開かれるところもある。ちやほやされることもありましたが、「これは齋藤峰明ではなく齋藤社長という人に対する待遇だ」と思うことにしたのです。ただ、勘違いしてしまう人もいるかもしれません。

社長であっても社長然とする必要はないし、パリ本社の経営陣の一人になっても、齋藤峰明という人物が変わったわけではない。だから、ぼく自身は、できる限り変わらないように努めました。

もともとぼくの人生を振り返っても、いわゆる王道を歩んできたわけではないのです。高校を卒業して、パリに行きたいという思いだけでフランスに渡り、学問をもう少ししなければと、アルバイトしながら大学を出たわけです。学生時代には、「三越トラベル」という日本企業のいわば営業所のようなところで、旅行企画みたいなことをやっていた。ある意味、アウトサイダー的な人生です。有名大学を出て、出世街道まっしぐらというエリートコースとはかけ離れた人生を歩んできた。それも「こうなろう、こうなりたい」と目指してきたのでもなく、「やってみたら面白そう」という好奇心から始めたことばかり。そうやって今にいたったというのが正直なところなのです。

だから、若い人にあえて言うとしたら、「あらかじめ決まっているレールに乗るだけでは面白くないのでは」ということです。

◇勘違いをしているのは誰？

黒川　齋藤さんみたいに思える方は、やはり凄いと思います。口にするのは簡単なことだし、誰もがそうありたいと願うのですが、実践となると、なかなかそうはいきません。

齋藤　社長であることに慣れてしまうと、勘違いしてしまうんですね。

黒川　気をつけないといけないことです。当たり前だと思っていることから、まずは考え直した方がいい。

ちょっと話が変わりますが、弊社の場合、会議は報告会に陥りがちです。具体的なプロジェクトを進めるための会議でも、誰かが企画書に基づいて説明した後、「お一人ずつコメントを」となってしまう。そうやって形式から入ると、徐々に、立場で発言することになってしまう。結果的には無駄な時間を過ごすことになっていくと思うのです。

齋藤　確かに。でも「この会議は意味がない」とは、社長以外の人が、なかなか言えないことでもあります。エルメスの前社長だったデュマさんは、黒川さんと同じような考えを持っていました。自分が会議で素晴らしい意見を言った後、ぼくの方を見て、いきなり「どう思う？」と聞いてくるのです。突然、来るわけですから、いつも脳を働かせていなくてはならない（笑）。ただ、それが当たり前になると、常に自分の意見を持つようになるし、他人の発言にも真剣に耳を傾けるようになります。

黒川　デュマさん自ら、発言を自由にされるわけですね。

齋藤　大きな会議でも、経営にかかわる少人数の会議でもそうでした。しかも、基本的な考え方がブレるところがまったくないのです。何のための会議かと、本質的なことを鋭く指摘し続ける人でした。

黒川　会議はたくさんあったのですか。

齋藤　エルメスの場合、会議の数も少ないし、規模も小さいのです。日本なら一〇人集まって決めるようなことを、二〜三人でどんどん決めていきます。権限と責任がはっきりしていて、少人数で決定することが圧倒的に多い。日本のように、十数人も集まって会議で決めることは、まずほとんどありませんね。

黒川　となると、一人の人が負う責任も大きいと。

齋藤　そうです。失敗した時の責任も問われます。日本で言えば、部長レベルの人が、大きな権限を持っていて、いろいろなことを決め、責任も負っているのです。

また、部が複数にまたがるプロジェクトの場合は、それぞれの部長が協議して決めていく。日本だと、他の部署も含めた部長全員が揃った会議で決めるということになりがちですが。

黒川　担当者がいて、主任がいて、課長がいてと、どんどん参加者が増えていくのが、日本の会議の実態です。

それが、形式だけかというとそうでない部分もあり、「自分もやっている」という参画意識を持たせる意図もある。それで「関係者全員参加」となって、会議に出席する人数が増えていく。

フランスでは、そうやって数人だけで決めたことに対して、「決まったことを、言われたままやればいい」と、受け身になってしまうことはないのですか。

齋藤　フランスでは、上の人が決めたことを下が遂行するだけになることが、日本に比べて相対的に多いと思います。その点で言えば、社員がひとつのことを共有して進めていく力は、日本の強みともなります。

ただ、もともとフランスでは、ストラテジーとオペレーションという役割分担が明確に分かれている。つまり、「戦略」と「実践」がはっきり区別されている。上の人が「戦略」を決め、部下に「実践」させるという構図です。

一方、日本の場合は「戦略」と「実践」は明確に分かれていない。「戦略」がはっきりしないまま、「ああでもない、こうでもない」と言いながら進めていくケースが多い。ぼくも、大組織の下積み時代に、「戦略」がはっきりしないまま、矛盾だらけのことをやらされたのを覚えています。

◇「ジョブ・ディスクリプション」

齋藤　ぼくの失敗の一例を披露しましょう（笑）。日本の社長時代の話ですが、フランス式の役割分担を、日本企業の中で実践してみようと思ったのです。つまり、「戦略の指針」を示して、部長に「戦略」を立ててもらおうとした。それで、ある部長に向かって「方向性はこうだから、自分で戦略を考えてください」と任せたのです。ところが、「戦略」を作りなさいと言われても、どうやっていいかわからない。結局、できずじまいで終わってしまった。

黒川　よくわかります。

齋藤　「あなたの役割は、何をどうやるか、戦略を練ることです」と説明し、「わかりました」というやりとりがあって、一週間後に提案書を持ってきたのです。早速、目を通してみたら、そもそもの意図がずれている。「これは違いますね」と差し戻し、また一週間。できあがってきたものの、「また違う」となってしまった。何度もやりとりしているうちに、「ああやってもダメ、こうやってもダメと言われ、どうしていいかわからなくなりました」となってしまったのです。

振り返って、申し訳ないことをしたと思っています。日本企業の中で育った人には、そもそも無理な要求だったと。部長レベルに対しても、「こうするには、こういう風にやりなさい」と手取り足取り指示しないといけなかったということに、改めて気づかされました。本とはいえ、マネジメント職として「実践」だけしていても意味がないように感じます。本来、マネジメント職とは「戦略」を練る役割なのに、それができないのは大きな問題であり、日本企業のこういったやり方は、変わっていって欲しいと思います。

黒川　日本では、「戦略」を策定できる人が少ないかもしれません。

齋藤　日本には、いわゆる「ジョブ・ディスクリプション（直訳すると「職務内容記述書」）」というものがないですよね。新しい職務に就いた時に、そこで何をやればいいのかが指示されないし、明記されたものもない。フランスでは「何々課長を命ずる。あなたの仕事はこれ」と記載された「ジョブ・ディスクリプション」というものが、必ず渡されます。つまり、まず仕事があって、それに対して人を配置するというシステムが、厳然と存在している。

日本の場合は、まず人ありきで、それをどこに当てはめるかを考えていく。真逆と言っていいくらい、組織の作り方、仕事の分担の仕方が違うのです。

黒川　日本企業には、「この部署、この役職の人が、この仕事をやる」という大まかな規定はあると思うのですが、明文化されたものを持っている企業は少ないかもしれません。あるいは、実行の段階で例の体質が出てきて、何となく曖昧になってしまいがちです。

齋藤　しかも、以前からある部署を、そのまま継続させているケースが多いと思うのです。新規事業を手がける専門部署を設けている企業も、あることはありますが、全体的に少ないのではないでしょうか。それで、新しい仕事が入ってくると、「とりあえずこの部署が担当」となって、放り込むことも多いような気がします。

フランスでは、新しい仕事を始める場合、新しい部署と「ジョブ・ディスクリプション」を作ることが普通です。

黒川　具体的な仕事の進め方も、「ジョブ・ディスクリプション」に則《のっと》って決まっているのですか。

齋藤　「ジョブ・ディスクリプション」は仕事の内容を規定するものなので、上司と担当者は、常にそれに基づいてやりとりし、仕事を進めていきます。だから、場合によっては、「自分はそこまで任されていませんから、そう言われても困ります」と、部下が上司に言うことも出てくる。

黒川　日本の場合は人事異動があるけれど、フランスでは、上司と部下のどちらか一方が、他の部署から新たに配属されるということはありますか。

齋藤　あります。

黒川　すると、専門的知識のない人が、担当につくということも?

齋藤　それはないです。「ジョブ・ディスクリプション」に記載された内容の仕事ができる人にしか、仕事は回ってこないのです。逆に言えば、その仕事ができる人を探し、配属するわけです。

黒川　「やらせて成長させる」、そういうことはないのでしょうか？

齋藤　もちろん、多少はあります。「できるだろう」という人を配置し、「できるようになった」と成長を確認して、次の部署へ配置するということも、ほんの稀《まれ》にはあります。でも、専門性や経験値がない人を配して、学びながら進めなさいという指示は、まず絶対にありませんね。日本に比べると、そういう機会は圧倒的に少ないと思います。

◇優秀な販売員は優秀な店長になれるのか

黒川　日本では、期待している人材を役職につけて「オン・ザ・ジョブ・トレーニング」を施し、成長したらまた次のステップに向かわせる。そういうやり方が多いと思います。

齋藤　半分は教育ですね。

黒川　フランスでも、そういうケースはあるのですか。

齋藤　あまりないですね。最初に役職をつけて成長させるのではなく、成果を出したら役職につけるという考え方です。つまり、まず結果を出すことが要求される。そうしないとステップは上がらないというのが基本です。

黒川　発令を受けてやった人が、成功して上にあがっていくこともあるわけですね。

齋藤　あります。

黒川　あるいは、「戦略」の部分を専門的に勉強した人が、外から入ってきて担当することもあるのですか?

齋藤　フランスの組織では、マネジメント層として「戦略」を担う人は、あるレベル以上の学校を出た人と決まっています。学歴と役職が、割合と緊密に結びついていて、線引きがはっきりあるので、そこを越えていくのは稀ですね。「実践」を担う役職の人が「戦略」を担う役職に移ることは、滅多にないということです。

その意味でフランスでは、店長という役職も「戦略」を担う人であり、「実践」を担う人ではないのです。ここは、日本と大きく違うところです。

黒川　どういうことでしょうか?

齋藤　日本で社長を務めていた時、優秀な販売員を店長にして、うまく行かないことが何度もありました。つまり、優秀な販売員が優秀な店長になるかというと、そうではないのです。

黒川　職能がまったく違うということですね。

齋藤　そうです。

黒川　日本では、販売員を昇進させて店長にすることは、割合、普通に行われています。

齋藤　日本企業の場合、販売員が出世すると店長を任されるのが普通です。フランス企業の場合は、優秀な店長が営業副部長になることはありますが、販売員が店長になることは、まずないのです。

黒川　今日は勉強になります（笑）。

齋藤　いやいや。店長の仕事とは、現場にいてマネジメントする役割を担うことです。つまり、店長とはマネジメントする人であり、販売員とは売る人。

ところが日本では、優秀な販売員を、お金と人材と商品をマネジメントする店長にしてしまう。「あの人は販売員として優秀だから店長に」と引き上げられて、結果的にうまく行かない事例がたくさんありました。

一方、マネジメントできる人は、必ずしも現場仕事に向いていないので、店長が優秀な販売員かどうかというと、必ずしもそうではない。店長として評価されたら、次は営業部長になりたいといったマインドの人が多いのです。

黒川　販売員も同様で、優秀でお客様からの評価が高い人間も、店長としてマネジメントができるかというと、必ずしもそうではない。そもそも職種が違うということは、私もよくわかります。

齋藤　ぼくは、エルメスジャポンの社長時代、そこを活かせないかと考え、マネジメント職と販売職を分けて、ステップを上っていける評価制度を作ったのです。販売職が向いている人は、販売職として出世していって、究極は「マイスター」という役職につけるようにした。

一方で、販売職だけれど店長をやりたい人は、マネジメント職に移れるようにしたのです。

黒川 両方の良い点を活かされたのですね。虎屋でも四〇年ぐらい前、管理職と専門職を選べる制度を取り入れました。

ところが、いざ運用しようとすると、その二つの職種に分けられない人も出てきた。「給料をもらう分の仕事は忠実にやります。だけれどそれ以上は望まない」という人たちです。それで、管理職、専門職、資格職、と三本立てにして、それが、現在の職種分類の基本になっているのです。

ただ、その区別が明快かというと、そうとも言い切れない。管理職が偉いという感覚を払拭できるかというと、なかなかそうはいかない。曖昧なままです。だからここでも「曖昧体質からの脱却」を言い続けることになる（笑）。

やはり日本の場合、「戦略」と「実践」の区分がなされていないのは、大きいと思います。教育もしかりです。大学で「戦略」と「実践」の区分をして、専門に勉強させてはいないでしょう。

齋藤 そうですね。日本では、「戦略」と「実践」の違いについて、教育の過程そのものが明確に分かれていないですし、「戦略」を徹底して学んだ人が経営者になっているかというと、そうでないケースも見られます。

ただ、企業に入ってからのプロセスで言うと、「戦略」コースと「実践」コースがはっきり分かれていない、日本ならではの良さもある。新入社員はまず、横並びで働き始めるので、現場から学べるのは利点です。つまり、現場を知っている人が管理職になることは、大きな強みとも言えるのです。

黒川　なるほど、フランスでは、最初から「戦略」コースに乗った人は、現場を踏む経験が浅くなってしまうということですね。

齋藤　そうなのです。だから、どちらの国のやり方がいいと言い切れるものでもありません。ただ、日本企業の古い枠組みが時代遅れなのに、なかなか変わっていかないのは、とても歯がゆいですね。

そうかと言って、新しい枠組みを作りさえすれば、すべて解決するというわけでもない。フランスにだって、管理職が偉いという風潮は、厳然として存在していますから。そもそも人を枠にはめるなんて、できるわけがないとも思うのです。

黒川　まったくです。組織だって、常に状況は変わっていきますから。

◇変わらないことは、変わること

齋藤　組織論とは、永遠に進化し続けていくのでしょうね。エルメスのＣＥＯを務めたパトリック・トマさんとは、オフィスが隣同士だったので、よく雑談をしたのですが、ある時、

「この時代、コンスタントなことはひとつしかない」と言う。それは何かというと、「全てが常に変わっていくことだ」と。ぼくも、その通りだと思いました。状況は、日々刻々と変化していくので、その瞬間瞬間で考え、変えていかなければならないもの、それが組織だと思うのです。経営とは、それに合わせて舵を取ることです。

二〇～三〇年前の高度成長期には、学校で一生懸命勉強して、いい大学へ行って、いい会社に入れれば、ある程度成功するというパターンがあったし、会社の経営も、ひとつの形を作れば、それを踏襲して前に進めるところがありました。しかし今や、そういう成功パターンは通用しなくなっている。変化する一瞬一瞬に対して、判断していかなくてはいけないと思うのです。

黒川　変化し続ける中で、一定の形を成していくとでも言うのでしょうか。

齋藤　ぼくも、組織を率いる立場でいろいろやってきましたが、最後にわかったのは、自動操縦みたいに手放しで進んでいく組織を作るのは不可能だということです（笑）。

黒川　お話を聞いていて感じたのですが、「伝統と革新」について、思うことがあるのです。「伝統と革新」という言葉は、私も以前はよく使っていたのですが、ここ一〇年ほどは、自分からは使わないことにしています。「革新」と言えるほど思い切ったことは、果たしてどれくらいあるかと考えていたら恥ずかしくなってきてしまい、そうたくさんはないと思いだしたからです。

そんな大層なことの前に、今のお客様に喜んでいただくために何をするのかを考え、即座に実行していくことが大事。それは「必然であって、革新ではない」と思うのです。

齋藤　「革新＝イノベーション」ですから、本来は、自分たちの歴史と存在をかけて、全く新しい方向に向かうこと。それくらい大きなスケールが求められるものであり、そう安易に使うものではない。

世の中では、「イノベーション」という言葉が随分と流行っていて、さまざまな場面で登場していますが、「今と違うことをする」くらいの意味で使われているケースもあって、言葉だけが独り歩きしている印象があります。

黒川　瞬間瞬間の判断が大事であって、基準や枠組みにとらわれ過ぎることがあってはいけませんね。

齋藤　よくわかります。恐らく変えていいもの、いけないものの基準みたいなものを決めてしまうと、そこでその企業は終わりというか、止まってしまうと思うのです。少し飛躍するようですが、人とは、毎日を生きる中で、たとえ自覚がなくても、変化していくものです。だから、変わる世界の中で変わらないためには、自分が変わらなくてはならない……こうなると、禅問答になってしまいますが（笑）。

黒川　大賛成です。動く世界の中で、自分がふらつかないためには、まず「自分」から行動して変わらなくてはならないということだと思います。

齋藤　虎屋さんの五〇〇年近い歴史の中では「ここは良くやった」という転換期のようなものが、実はたくさんあったのではないかと想像しているのですが。そこに、学ぶべき知恵が多くあるように思います。

黒川　時代の大きな変わり目には、それなりの動きがありました。明治維新、関東大震災、第二次世界大戦など、その時々で、虎屋としての変革を行ってきたのです。社会的な大変化をきっかけに、何らかの改革が始まることが多かった。

ここ最近で言えば、東日本大震災は、そういった改革のきっかけのひとつです。この会社の存在意義はどこにあるのだろうということを、もう一度、見直さなければならない。毅然とした姿勢や覚悟を持つべきだと気づかされたのです。未曾有の震災に遭っても、やるべきことをきちんとやっていたら覚悟はできる。具体的な支援や対処は当然として、自分たちの存在意義がどこにあるのかを掘り下げていく。そのために必要な改革は、どんどんやっていかなければならないと、強く思いました。

齋藤　今のＩＴ革命やグローバル化は、言ってみれば、明治維新のような大激変期と言えるのでしょうか。

黒川　そうですね。後から振り返ってみると、この一〇年二〇年は、かなり大きな変革期と言えるのかもしれません。

◇女性の立場の日仏比較

黒川　日本では最近、いわゆる「女性の活躍」が声高に叫ばれていますが、働く女性の立場について、フランスでは、日本に比べてどうなのでしょうか。

齋藤　フランスでは、基本的に男女差はありません。エルメスでも、男女差はまったくなく、女性の管理職がたくさんいます。

エルメスジャポンの場合、人数は女性の方が多いのですが、管理職となると、まだ男性が多い。虎屋さんはいかがですか。

黒川「女性が多く、女性の力に負うところが多いのだからもっと登用しなくては」という意図から、一九七六年に、男女同一賃金を実現する評価制度を導入しました。そして一九八〇年には「能力のある者の登用及び能力開発が、今後の経営に与える影響は大きい」と考え、結婚後も勤務できる体制を組んだのです。一九八三年には、女性初の課長職が誕生し、女子再雇用ライセンス制度、つまり結婚や育児のために退職した社員が、復職できる仕組みを作りました。一九九九年からは男女ともに適用する制度として、再雇用ライセンス制度と名称を改め、現在も運用を続けています。

齋藤　随分と進んでいますね。エルメスジャポンでは、ぼくが社長になった一九九八年、男女平等なのは当たり前のことだから、もっと女性に活躍して欲しいと宣言し、さまざまな施策を行いました。

黒川　それ以前はどうだったのですか。

齋藤　ぼくが社長になる前のエルメスジャポンは、日本的な体質が物凄く強くて、男女平等とは、とても言えない会社だったのです。それを変えるためにショック療法が必要と思い、まず、外から連れてきた女性を、人事担当の本部長に抜擢しました。

黒川　ショック療法ですか?

齋藤　前の人事部長は総務部長を兼ねていて、いわば会社の番頭さん的な役割を果たしていた人でした。ただ、仕事の仕方は「俺の言うことを聞きなさい」という古いタイプの日本企業そのものだった。ぼくは、それを変えなければと、ずっと思っていました。それで、社長になったのを契機に、あえて外から連れてきた女性に代わってもらったのです。

そして、上司であることを振りかざして一方的に命令するのではなく、人事部長として社員一人一人に「この会社における仕事の目的と役割」を明快に伝え、遂行してもらう役割を担ってもらいました。高いスキルを持った女性だったので、彼女ならできると確信を持ってお願いしたことです。

黒川　それで、成果は?

齋藤　社風を変えていくにあたって、実に良い影響を与えてくれたと思っています。

黒川　なるほど。

齋藤　その女性に白羽の矢を立てたのは、外資系企業でバリバリやっていたからではないのです。あくまで、個人としての能力を評価して入ってもらった、というのが正直なところです。

　経歴もぼくの要望にぴったりでした。長年にわたって日本企業で働き、四〇歳を過ぎてから米国へ留学した人でした。英語があまり得意ではなかったので、苦学を重ねてＭＢＡを取った。

　だからエルメスジャポンに入ったのは五〇歳を過ぎてからです。社員たちは皆、「え、この人が？」と唖然としていましたけれど（笑）。日本のやり方も、欧米のやり方も、双方がわかっている人なので採用しました。

黒川　外から入ってもらった女性が、大きな改革を行った。

齋藤　そうですね。封建的で軍隊のような組織を、民主的でフラットな組織に変えようと思ったのです。

　ぼくはそれまで営業本部長だったのですが、やっぱり日本では、社長にならないと大きな改革はできないと、改めて感じました。

黒川　フランスの場合は、社長でなくともできるのですか？

齋藤　管理職の権限が、日本に比べて大きいと思います。たとえば人事についても、社長が決めるのではなく、各組織の長が、自分の部下の人事を考える。その上で、人事部長と相談して決めていくのです。

黒川　その時の社長の立場は……？

齋藤　ほぼ決定した内容を受けて、「そこは考え直した方がいい」と言うこともあれば、「これでいいね」と言うこともあります。ただ、日本と大きく違うのは、その人を配置した責任は、人事部長でなく、その部長にあるということです。

先ほども触れたように、フランスの企業では、人ありきでなく仕事ありきで人事を決めるのが、いわば常識になっています。

人事の大きな目的が、人を育てることより、仕事が成功することに置かれている。だから管理職は、人事まで含めて任される代わりに、仕事が成功しなければ、人事も含めて責任をとらなければならない。そこがはっきりしているので、ドライと言えばドライです。

いずれにしても、男だから女だからという区別は、ほとんどないと言っていいフラットな環境です。

黒川　なるほど、日本はまだまだ遅れていますね。女性の管理職を増やすことで言えば、何パーセントまで引き上げるかを義務づけるなど、数値目標を立てた方がいいという意見もありますが、それだけでは解決しないと思うのです。

齋藤　ぼくもそう思います。数字だけの問題ではない。

黒川　今の日本企業は、先進国の中でも相当遅れています。将来的に、男性と女性が区別なく管理職につけるようにしなくてはいけません。しかし、役職に相応しい人が育つのに必要な時間を考えると、今すぐに人数だけ増やせるものでもないはず。それは各企業同じ悩みでしょう。

エルメスでは、育児をしながら働いている女性も多いですか？

齋藤　子供がいるかどうかは、まったく関係ありません。

黒川　役員レベルの方は？

齋藤　ほとんど結婚していて子供もいます。日本は、ただでさえ女性役員が少ない上に、結婚した女性、あるいは子供を持った女性で役員クラスとなると、さらに少数派になってしまう。これだけ日本が遅れているのは、国の制度に拠るところが大きいと思います。フランスは制度が整っているので、女性がどんどん子供を産めるのです。

つまり、フランス人の女性は、妻、母、仕事人という三つの役割をやれる環境が整っていて、良い意味で欲張りに生きることができる（笑）。朝はお弁当を作って子供を保育所へ連れて行って、昼は働いている。夜は家に帰って家事をして、活き活きと忙しく過ごしているわけです。

一方、男であるぼくはどうかというと、昼間、会社で働いているだけなのに、家に帰って「疲れた」で終わりですから、男はつくづくダメですね（笑）。だからぼくは、働く女性を心から尊敬しますし、見習わないといけないと思っています。

日本企業の中には、出産のための制度を整えるなど、それなりの策を講じているところも出てきてはいますが、正直言って、それは一部の動きであって、大半の女性は恩恵を受けていない。女性がもっと活躍できるように変えていくのは、遠い道のりだと感じています。

女性がもっと活躍するためには、まずは男が変わらなければダメ、会社が変わらないとダメだと思います。家事や育児は女性がするものだという意識や、その意識の上で成り立っている、遅くまで残業するのが当たり前という働き方、会社の仕組みを根本的に変えないと、大きな矛盾が生じると強く感じています。

女性を登用することで男社会を変えていくのか、男社会を変えることで女性が活躍できるようにするか、どちらを先にすべきかが問われているのではないでしょうか。でも、日本は男向けにできている社会だから、男にとって楽だし、大半の男性は、変えたくないと思っているのでは？

黒川　そう感じている人は多いでしょう。弊社はまだまだです。

齋藤　いや、お話をうかがって、虎屋さんが進んでいるのに驚きました。

実は先日、もうすぐ子供が生まれるという知り合いの男性と話していたら、奥さんは家庭に入って専業主婦になるそうです。子供ができると昇進がのぞめなくなるので、預けて働いても、給料の大半は保育園への支払いに行ってしまう。それならいっそ、専業主婦として育児に専念した方がいいというわけです。

黒川　それは残念な話で、やはり日本企業は遅れていますね。女性の活躍の場を作るといっても、前提となっているのが従来通りの男社会だからでしょう。あくまで、その枠組みの中で考えているだけで、男中心の組織に女性をどう組み入れるかという議論に終始しているのです。今までの基準を一度ゼロにしてから再構築しないと、本当の意味で女性が活躍できる社会になっていかないと感じます。

齋藤　男社会の中で、自分たちがやってきた経験だけをもとに、若者や女性は「できない」と勝手に枠にはめてしまう傾向があるように思います。

黒川　反省しなくてはいけないところです。

◇女性の「活用」と大根のしっぽ

齋藤　これからの日本は、女性の社会進出をはじめ、生活の価値観が大きく変わる時期だと思います。女性が家庭か仕事か選ばなくてはいけないこと自体が問題で、ごく当たり前に両方ができる価値観が、社会全体に行き渡らないと。一方、男性が家事や育児をやっていくことが、もっと当たり前になればいいですよね。今のように、女性の負担を軽減する策もなく、「社会進出が大事」と声高に叫ばれても、状況が変わっていくわけではないと思うので。

黒川 先ほど、数字で解決するという話が出ましたが、日本の政治家で、「女性を何パーセント雇用すべき」「保育所がいくつ必要だ」と数字を挙げる人は、育児と仕事の両立がどれほど大変か、わかっていない。政治家のご夫人は専業主婦の方が多いからかもしれません。

これについては反省したことがありまして、「女性の活用」という言葉が聞かれるようになった頃、私も社内で「女性の活用」と発言して、随分と怒られてしまったのです。「えっ、活用って何ですか？」「男性の活用って言いますか」と、周りにいた社員から総スカンをくってしまった（笑）。この「活用」という言葉、マスコミもいつの間にか使わなくなりましたね。「女性の輝き」云々と表現が変わっていきました。

齋藤 誰かが注意したのかもしれません。

黒川 「何だ、それは」と。

齋藤 「女性の活用」という言い方には、企業がもっと儲けるために、うまく人材を使わなくてはという、企業側の都合が透けて見える。使われていないものを活用しましょうといったニュアンスです。

黒川 「活用」という言葉については、その後もコテンパン（笑）。娘の友人に「どう思うか」と聞いてみたら、「活用ですか」とやはり驚かれてしまいました。「変かな」と質問したら、「活用って言われると、大根のしっぽみたいに、本来なら捨ててしまうところをどうにかしよう、要らない部分を使って美味しく食べましょうという風に聞こえてしまう。私も大根かと思っちゃいました」と言われたのです。「ああ、まずい！」と反省しました。自分自身偉そうなことを言っていても、まだまだ認識不足です。

◇まずは「やっちゃう」

齋藤　フランス人は理想を求める傾向が強いので、国が「こうする」と決めることが多いのです。それはそれでいいのですが、時に難しい局面も出てきます。たとえば、同性愛者間の結婚が合法化された時、善し悪しはさておいて、社会全体がそこまで追いついていないのに、法律が先にできてしまい、現場が随分と混乱したのです。

ただ、掛け声だけで施策が伴っていかないよりは、ずっといいことです。国が何もしなければ、現場も変わっていかないわけですから。女性をどう登用していくのかについても、実力主義とパーセンテージ重視のどちらがいいかということより、どうしたら現実的に女性がもっと活躍できるのか、そこのところを考えていかないと。

黒川　実力主義と言っても、測る物差しが昔のままでは、まったく意味がないと思います。

齋藤　おっしゃる通りです。従来のままの物差しで測っても、本来的な意味での実力主義とは言えません。北欧の場合は、女性の地位改善のための大臣がいて、数字を決めて、理想的な姿を追い求めながら進めています。先ほど申し上げたように、数字ありきが良いとは言えませんが、女性の地位をどう改善していくかという明確なビジョンがあって、それに向かうための具体的ステップとして、数字を設定するのは有用だと思うのです。日本は「女性の登用」と謳っている割には、ビジョンが見えてこないし、具体的な政策や法律を性急に進めないと、現実が追いついていかないと感じます。

黒川　つかぬ質問ですが、フランスでは、政治家が女性スキャンダルを起こしても、国民が割合と寛容だと感じます。あれはやっぱり、お国柄なのでしょうか。

齋藤　そのあたりも、フランス人特有の価値観が現れているところで、「公には」関係ないという姿勢をとるのが、いわば了解事項になっているのです。「理念とプライベートは関係ない」と、理想と現実を無理やり分ける価値観が、フランスの中では根づいているからです。自分たちが勝ちとった民主制度の中で自分たちが選んだ大統領ですから、プライベートは関係ないということです。

そうやってフランス人は、常に理想と現実の間にあるギャップを抱えながら生きてきたとも言えます。少し事例を挙げてみましょう。たとえば「共和制の理想」からすると、公立の学校は「宗教」を一切教室に持ち込んではいけないことになっています。つまり、イスラム教徒の女性はスカーフを身に付けて教室に入ってはいけないとなるわけです。しかし、「教義の自由という理想」からすると、それぞれの宗教のしきたりを尊重して、スカーフの着用を認めるべきとなってしまう。「公立学校における政教分離」と「宗教選択の自由」がせめぎあって大議論に発展していきます。

同性愛結婚についても、個人の自由、平等の観点から言うと、認めざるを得ないことになりますが、同性愛結婚した夫婦が養子をもらっていいのかといった問題が、新たに出てくるのです。

今、フランスで議論になっているのは、性教育をどうするかです。今までは、男と女は違うという前提で性教育をしてきたわけですが、男と男、女と女のカップルも含むとなってくると、性教育そのものを変える必要が出てきます。子供は、王子様と王女様が幸せになるディズニー映画などを観て、将来の夢を思い描いてきたわけです。それが、たとえば「王子様は迎えにきてくれない。なぜなら王子様同士が結婚するから」ということになってしまう(笑)。

あるいは、フランス国民の中では、イギリス、オランダ、ベルギー、そして日本などに対して、王室があって羨ましいと感じている人が多いのです。でも、自分たちで革命を起こして、王様をギロチンにかけてしまったわけだから、もうそこには戻れない。自分たちの作り上げた「人権の国」、「自由・平等・博愛の国」という、いわば理想について、間違っているとは言えないということです。

フランスは、理想を追いながら理論武装して国を作ってきているので、現実に対処する過程で、どうしても矛盾が出てきてしまう。しかし、理想を掲げてやってきたからには、そういうことは口には出せないのが、暗黙知になっているわけです。

このところ、極右が大きく伸びて、移民を拒否するかどうかという議論もありますが、これは「共和制の理想がわからない人を、国に入れるべきではない」という論が立っていて、一方で「自由と博愛を前提とした国だから、誰にでも門戸を開く必要がある」という議論が起きて、ここでも大論争が巻き起こっている。何事も議論になっていく国なのです。

◇発言しないことは存在していないこと

齋藤 会議でも黙っている人なんていません。発言しないことはそこに存在していないことを意味するので、とにかく参加者は皆、自分の意見を言うのが、会議ではごくごく当たり前のことです。

黒川 幼い頃から、自分の意見を言う場が多いのですね。

齋藤 個人主義の国ですから、日常生活においても、常に発言する場がありますし、学校教育においても、議論する方法論については徹底して学びます。

黒川 日本人は、そういう経験に慣れていません。

齋藤 意見を持っていないわけではないのに、自分の意見を言ってみて、周囲の賛同を得られなかったらどうしようと躊躇《ちゅうちょ》してしまう傾向が強いと思います。日本人は、反対意見をパーソナルに受け止めて傷つくでしょう。
それがフランス人にはまったくない。事が終わったら切り替わる態度が徹底している。議論し尽くし、納得して結論を出したのだから、それを根に持つところがまったくないのです。
黒川 議論は議論だ、ということですね。
齋藤 議論をして結論を出すことが大事で、自分の意見と違う結論にいたっても、それはそれで受け入れるわけです。
黒川 議論のために議論を吹っ掛けるということもあるのですか。
齋藤 たまにありますが、それが続くと「あの人の言うことは参考にならない」と評価されてしまうので、普通はやらないですね。会議が長引くこともなくて、集中して議論したら終わりです。
ぼくはやはり、日本人的なのでしょうか。楽しい会議だとずっとやっていたくなったりして（笑）。でも、結論が出たら「はい、終わり」とみんな立ち上がっています。
黒川 会議で「じゃあ、そろそろ結論を出そう」という時は、どういう手法で決めるのですか。挙手をするとか。
齋藤 議論しているうちに、自然と結論に収斂《しゅうれん》していくのです。
黒川 議題に対して、必ずその場で結論を出すわけですね。もう一度、会議で議論しようということには決してならないと。

齋藤 そこは持ち越さないのです。それなりの実力のある人が集まっているなら、一、二時間も議論したら十分のはずですから。日本だと「決まらないから次の会議で決めましょう」と何度もやるところですが、そういうことには絶対にならないのです。

そして、決まったことは、早速、プロジェクトチームを作り、どんどん進めます。

◇国はなぜあるのかを突き詰める

齋藤 先日、日本の新聞で、オバマ大統領が独立記念日に行ったスピーチを読んだのですが、興味深かったのは、米国は建国時から既に、ビジョンありきだったと改めて気づかされたことです。「この国は、こういう国である」「こういう風にしていこう」と理想を掲げて国を創っていったから。

米国という国は、自然発生的にできたわけではない。いろいろな文化や人種が、混在しながら創ってきた経緯があります。トーマス・ジェファーソンが「こういう国を創ります」と独立宣言を行い、それに対して国民が同意して結集した。そのビジョンが脈々と国民の中に根づいていて、もちろん、リーダーであるオバマの掲げる方針も、根底にはそのビジョンがある。演説の根底を支える思想として発信されることによって、国民はさまざまな側面で「この国はここを目指している」と認識させられるわけです。

日本は逆で、地続きの他国と戦争したり他民族が入ってくることがほとんどなかったこともあって、ビジョンがなくても国として成り立ってきた。だからなのでしょう。国としてのビジョンが明快に存在していないし、国民に向けて発信されることもない。国の歴史として、民族や宗教といった多様性を受け入れ、ビジョンを掲げてまとまっていくという必要性がなかったし、そういう過程を踏んでこなかったのです。いわば、国として閉じていても成立してきた。だから、いろいろな意見や違う考えが存在すること、ぶつかり合うことはよくないと、つい考えがちになってしまう（笑）。

一方、フランスはどうかと言うと、革命を起こして国を創ったという経緯が大きく作用しています。多様な考え方があっていいということを受け入れた上で、ひとつのビジョンのもとに集まってやっていこうという意思がまずあって、それに基づいて国が存在していることが、国民の意識の中に根づいているのです。

会社についても、同様です。企業とは、それぞれのビジョンがあってしかるべきだと思うのですが、日本の企業は、それがないところが多い。だから、社内でも、異なる意見や考えをぶつけて収斂させていく行為に、結びついていかないのではないでしょうか。

黒川　なるほどと思い当たることが、たくさんあります。国として閉じているように、会社としても閉じている感覚です。閉じている中で、悪く言えばなあなあな感じで一緒にやってきている。

齋藤 一方で、多様性を土台にすることによる弊害もあると思います。たとえば米国の食文化などは、その好例ではないでしょうか。大きな都市には素晴らしいレストランもありますが、多くの地域では、ハンバーガーばかり食べていたり、パーティというとバーベキューばかりになってしまったり。これはなぜかと考えてみたことがあるのです。

黒川 ええ。

齋藤 思い至ったのは、招待客にユダヤ人がいたりヒスパニック系がいたり、いろいろな人種や宗教の人が来る。ということは、場合によっては料理が口に合わないという事態になりかねない。でも、万人が同様に受け入れられる料理なら大丈夫ということです。

黒川 宗教的に食べられない場合もありますしね。

齋藤 大多数が受け入れることを前提にするから、バーベキューやハンバーガーといったメニューが主流になり、フランス料理や日本料理のような研ぎ澄まされた味がなくなっていった。「米国人は味覚がダメだから、画一的な料理しか食べない」と言う人がいますが、違う目線で見てみると、そういうことなのかなと思うのです。

テレビ番組も同様です。米国の番組は、くだらないジョークが多くてつまらないとよく言われます。しかしあれも、人種や宗教、考え方が違う国民の多くを楽しませるエンターテインメントとして、ああなっているのではないでしょうか。

日本のテレビ番組も同じようにつまらないのですが、あれは多様性への対応というより、日本人にしかわからない内輪受けのものになってしまっているからだと思ったり（笑）。

黒川　テレビにおいても、閉じている中で、馴れ合いでやっている感覚ということか。

3

カフェとミュージアムが教えてくれること

二〇一四年五月、パリのエルメス本社にて

パリの「エルメス・ミュージアム」へ旅する

二代目のシャルル・エルメスの代、1879年にパリのランパール通りからフォーブル・サントノーレ24番地に本店が移り、以後拡大して現在の本店となる。その上階にある、通称「エルメス・ミュージアム」(「エミール・エルメス・コレクション」)。

創業家、特に三代目のエミール・エルメスが「旅」「馬」「狩り」をテーマに収集した、日本の古来の鞍などの馬具類や、写真や彫刻までを含む馬の関連品をはじめとして、美術品や、地図や古書などが、樫の木の壁と緑のベルベットのドレープに守られ、仕切られた数部屋に所狭しと並ぶ。

一般公開はしておらず、「職人やデザイナーがものづくりをする際のアイディアの源としてくれれば」といういわば「社内資料室」なのだが、とてもそうは呼べない充実ぶりで、収集品は1400点弱。「過去と共に生きる」「伝統と創造の部屋」として、スカーフや陶器のモチーフとなった展示品もあれば、エミール・エルメスの使ったままの机や世界旅行時に活躍したスーツケースが、いまだ使えるような状態で保存されている。

館長は、市の美術館に勤務していたという、メネウ・ドゥ・ベズレーさん。20年以上こちらに勤務されている女性だ。なお、社員の紹介があれば外部の人間も予約の上見学できる。ジャン・ポール・ゴルチエがここからアイディアを得たこともあれば、あのアンディ・ウォーホルも来たことがあるそうな。取材した日も日本人の人気デザイナーが資料に当たっており、海外からの来場者も含めて、「誰も来場者がいない日はない」。

本店は落ち着きのある建物で、行き来が容易にできる開放的な印象があり、あちこちで社員や職人が

打ち合せをしていた。屋上階に庭があり、馬と人のメリーゴーラウンドが空に飛んでいくかのように置かれ（同じものが、東京・銀座の「メゾンエルメス」にもあるそう。日比谷側から見えるそうだ）、リンゴや洋ナシの樹が植えられている。香水シリーズ「屋根の上の庭」はここから生まれたのだろうか。

工房に足を運ぶと、職人の方が分厚い革表紙の本を見せてくれた。古い顧客名簿で、当時の陸軍大将の名前も見え、馬具製作における爾来のトップランナーの証となっていた。横の「特注品の部屋」には、一点ものの特注の制作物が並んでおり、目を奪われた。

パリにはなかなか行けないかもしれないが、銀座の「フォーラム」では、時代を先取りしたアートの展示のほか、ユニークな映画の上映もしている（予約が必要）ので、ぜひお勧めしたい。

虎屋文庫とは

後陽成天皇の在位中（１５８６〜１６１１）より、御所の御用を勤めてきた虎屋には、菓子の見本帳（口絵

8頁の写真、2段目左。「新製御菓子繪圖」１８２４年）や古文書、菓子木型（同、2段目右）、現在使われている手提げ袋のデザインのもととなった「雛井籠《ひなせいろう》」（同、1段目左、１７７６年）といった古器物などが数多く伝来している。これらを保存・整理し、和菓子関連の展示の開催や、研究論文などを収録した機関誌『和菓子』（1年に1冊のペースで、２０１６年10月現在23号まで刊行）の発行を通して、和菓子情報を発信しているのが、１９７３年に社内の一部署として設立された「虎屋文庫」である。

和菓子文化の伝承と創造に貢献することを目指しており、所蔵資料の閲覧機能は持たないものの、京都市の同志社女子大学図書館にて、江戸時代の「虎屋黒川家文書」の一部をマイクロフィルムにて公開。また、２００３年には社史『虎屋の五世紀 伝統と革新の経営』を刊行している。

虎屋文庫資料展示を設立以来定期的に行ってきた「虎屋ギャラリー」は、現在社屋建替えのため休館中だが、２０１８年にあらたな形で開館予定となっている。ちなみに２０１５年の「休館前の特別企画 虎屋文庫のお菓子な展示77」はファンの皆さんで大混雑であった。今までに「和菓子の歴史」展、「甘いもの好き 殿様と和菓子」展（同、下の写真）、「子どもとお菓子」展、「和菓子を作る―職人の世界―」展など、78回の展示を行い、それぞれについてまとめた無料の冊子も人気が高いそうだ。第58回の展示「愛らしい雛のお道具とお菓子展」には、なんと4万人が訪れたというし、第67回の「和菓子アート展」では、美術家の森村泰昌氏が創作文字や、国宝「信貴山縁起絵巻」に登場する剣鎧護法童子を題材にした干菓子を発表し、話題ともなった。

そういった活動が実を結んだのか、和菓子の展示は全国で増えてきたとのこと。この40年以上の虎屋文庫の展示や活動が、和菓子の歴史やデザインに一般の目を向けさせたことはまちがいない。新たな和菓子の未来は、古きを知ることから始まるのだ。

虎屋文庫の問い合わせ先　tel:03-3408-2402　mail:bunko@toraya-group.co.jp

◇エルメス・ミュージアム

黒川　このミュージアムは、贅沢な場ですね。今日も時間が足りないと思ったほど。以前も見せていただいたことがあるのですが、まさに、温故知新の考えに基づいて作られていると感じました。歴史の中で連綿と続けてきたことが、今へつながっているのですね。

齋藤　ここは、三代目を務めたエミール・モーリス・エルメス氏が集めたものに端を発しているのです。エミール氏は好奇心の塊のような人で、世界を旅して回っては、気になったもの、気に入ったものを集めたそうで、精巧な職人技が施された道具類や、日常で使われている実用品で、民族独自の文化が色濃く表れているものなど、コレクションは一四〇〇〇点に及んでいます。それも、集めることに意味があったのではなく、世界の職人の技から刺激を受け、何らかの形でものづくりに活かすことを意図したのです。

社員は、これらの品々を「エミール・モーリス・エルメス・コレクション」と呼んでいて、エミール氏が亡くなった後、せっかくの財産を活かそうということから、専任のキュレーターをつけ、ミュージアムとして運営することにしたのです。

黒川　社員の方々がここで触発され、新しいものを作り出しているというのは良いお話ですね。

齋藤　社員が発想を広げるにあたって自由に出入りし、心ゆくまで置いてあるものと向かい合っていいのです。持ち出して良いものも一部あるので、じっくり研究したいと思った時は、自室に持ち帰ることもできる。社員にとって財産になります。

また、エルメスが外部の企業とコラボレーションする時に、まずは、このミュージアムに来てもらって説明をして、ルーツに触れてもらう場としています。ミュージアムの存在は、エルメスの背景を伝える役割を担っていると思うのです。

黒川さんは馬具に関心を持たれたようですね。

黒川　日本の鞍や鐙《あぶみ》を興味深く拝見しました。他の国の馬具もたくさん揃っていて、それぞれに謂れや背景がありそうです。

齋藤　おっしゃる通りです。それらを知ると、価値がさらに広がります。キュレーターは、かなりの知識を持っているので、面白がって聞いていると、ここで何時間も過ごすことになってしまいます（笑）。

黒川　私も大変面白く拝聴しました。そして、こういうお話が今のエルメスさんとひと続きになっているのだと感心しました。

齋藤　エルメスのロゴは四輪馬車と従者（乗り手がいないのは、「エルメスは最高の品質の馬車を用意しますが、それを御するのはお客様自身です」の意味）ですが、ストーリーはそこから始まります。エルメスにとって、馬の文化はルーツとなった重要なもの。馬具のコーナーを、フォーブル・サントノーレにある本店はもとより、世界各都市にある直営店に設けているのも、そんな意図があってのことです。

黒川さんは、ブティックの出入り口の大きさと天井の高さに驚かれていましたが、建物の造りは、パリに何万頭も馬がいた頃からほとんど変わっていないのです。出入り口が大きいのは、馬車を中庭に入れるため……そう聞くと、ブティックの周辺を馬車が走っている光景に思いを馳せ、歴史がぐっと身近になってくる。つまり、エルメスの存在が、過去から現在につながって、立体的に見えてくるわけです。

たとえば『ダ・ヴィンチ・コード』を読む時、キリスト教の背景にある文化を少しでも理解しているのとそうでないのとでは、面白さが違ってきます。それと同じだと思うのです。

日本人は、馬具がどんなもので、どういう風に使われているのか、知らない人が大半を占めています。馬の文化というものに、ほとんど馴染みがないわけです。だから、ぼくが日本で講演する時、最初の二〇分くらいは、エルメスが創業して、フォーブル・サントノーレに店を移した頃の話からスタートすることにしています。

例をあげると、当時のシャンゼリゼは、沼地で鴨がたくさんいたこと。「ルドワイヤン」という有名なレストランがあるのですが、あそこは、狩猟のための小さな宿屋兼料理屋だったこと。ナポレオンが凱旋門を建てる前、フォーブル・サントノーレは単なる丘でしかなくて、そこに少しずつ貴族が館を構えはじめ、彼らの交通手段が馬車だったこと。それが、自動車の登場によって、少しずつ減っていったこと……そんな話をさせていただくのです。物事の背景にある歴史的な事象や文化的な事柄に触れることで、本質の見え方は、大きく変わるのではないでしょうか。

黒川　「もの」とはそもそも、文化的な背景を携えて生まれてくると考えています。お話を聞いていて、エルメスさんがミュージアムを大切な存在と位置づけ、背景を大切にしたものづくりを続けてこられたことがよくわかりました。

◇「虎屋文庫」という存在

齋藤　資料と言えば、虎屋さんには、虎屋文庫（長年宮中の御用をつとめてきたこともあり、多くの菓子絵図帳や古文書、古器物が虎屋にはある。それを保存・整理し、菓子関連資料の収集や展示の開催、機関誌発行等を行っている）がありますよね。お菓子を作ってきた文化の本質に触れられる場で、日本人だけでなく海外の人にとっても価値あるものだと思います。どういう経緯で始められたのですか？

黒川　私の曾祖父は、菓子関係の史料をはじめ古いものを集めるのが好きでした。そうして収集したものと虎屋の史料を管理する部署として、日本美術史を専攻していた父が、虎屋文庫を設けたのが始まりです。虎屋が持っているものを、お客様はじめ、多くの方々にお見せしたいという気持ちが強かったようです。

齋藤　作られたのは、戦後のことですか？

黒川　一九七三年のことです。菓子や食文化、京都の地誌など、さまざまな古文献三〇〇〇点などの書籍類をはじめ、江戸時代の古文書や古い菓子の木型、道具類などを保管し、それらをもとにした調査研究活動も行ってきました。

齋藤　和菓子にまつわる展示会を、赤坂本社ビル（一階はとらや赤坂店）の「虎屋ギャラリー」で定期的に行われていますよね。

黒川　はい、年に一〜二回ほどのペースで八〇回近く続けてきました。赤坂店建て替えのため、一時的に休みますが（とらや赤坂店は、二〇一五年一〇月より取り壊し工事を始め、二〇一八年秋頃完成予定）。

齋藤　大変ユニークで興味深いものだそうですね。

黒川　はい。

齋藤　たとえば、尾形光琳が後援者に贈ったお菓子が展示されていたり、和紙をつなぎ合わせた装飾紙と和菓子を組み合わせ、『源氏物語』の一場面を表現したり、文献から再現した清少納言にまつわるお菓子まで展示されたこともあったとか。見に行ってきた知り合いが、歴史とお菓子が結びついているさまがよくわかったし、本物のお菓子が展示されているのが楽しかったと言っていました。

黒川　ありがとうございます。担当者も楽しんで好きにやっているようで（笑）。展示の度に、テーマに沿った菓子を作ることにしているのですが、今はもう作っていない、昔の菓子を再現することもあるのです。

もともと和菓子の作り方は「見て学ぶ」伝え方をしてきたので、どんな材料でどのようにして作ったのか、文献資料から想像するしかないこともあります。虎屋文庫の担当者が職人と話し合いながら、一緒に試行錯誤しています。

齋藤　やはり、随分と手間隙《ひま》かけていらっしゃる。虎屋文庫というアーカイブに基づいた展示会として、かけがえのない財産ですね。

黒川　エルメスさんのミュージアムのレベルにはまだまだ行き着いていないのですが、和菓子を取り巻く歴史や背景を大切にしていきたいと考え、やってきました。

齋藤　思うところは一緒ですね（笑）。

黒川　社内でも、虎屋文庫はいろいろと役立っているようです。「歴史的な側面から見て、この菓子はどう説明すればいいのか」、「この菓子のルーツはどこにあるのか」といった質問がくる。

社外からも、たとえば「こういう番組を作りたいのだが、この考証で合っているか」、「なぜ端午の節句に柏餅を食べるようになったのか」などといったお問い合わせを頂いており、社内外合わせて年間に一〇〇〇件を超す対応をしています。

齋藤　そんなに問い合わせがあるのですね。和菓子の歴史やストーリーについて、ニーズが高い証拠だと思います。

黒川　店の史料も多く、店の敷地（京都市上京区一条通烏丸西入・現在の虎屋菓寮の所在地）を買い増した証文（土地売券）（一六二八年）や、天皇の行幸の際の御用記録（注文控え）「院御所様行幸之《いんのごしょさまぎょうこうの》御《お》菓《か》子《し》通《かよい》」（一六三五年）といったものもあれば、経営に関するものもあります。

たとえば一七八八年の京都の大火で被害を受け、その後経営の危機を迎えて、一八〇五年に九代目がまとめたのが、「掟書《おきてがき》」というものです（口絵8頁右上）。店に勤める者が持っていなければならない基本的な姿勢や考え方、行動基準が記されています。一五条あり、ひとつに「お客様が世間のうわさ話をされても、こちらからはしない。また、子供や年若い女性が来られたときにも、なおいっそう丁寧に応対して、冗談などは言わぬこと」とあり、今日でも十分通用することがいくつも書かれています。

◇和菓子は日本人のライフスタイルと結びついている

黒川　和菓子はライフスタイルと密接に結びついているものです。生まれた時にはお赤飯を、亡くなった時には葬式饅頭を用意してお配りする。あるいは、お正月から始まって、ひな祭り、端午の節句、七夕、お月見と、年間行事の節目にさまざまに寄り添っていて、和菓子は、「日本人の一生」に沿って、できたところがあります。

齋藤　地方によって、風習の違いもあるのでしょうね。

黒川　そうなのです、地方ごとの特徴や違いも大切にしていきたいことのひとつです。以前、「自分の故郷では、九〇歳以上の方が亡くなった時は、必ず赤飯を配ることになっている」と聞いて驚いたことがあります。

齋藤　ほーっ！

黒川　そうしたら、弊社にも「私の地元でもそういう時に紅白饅頭を配る風習がある」と言う社員がいました。亡くなったことを悲しむのでなく、九〇歳以上で人生を全うされたことは、「素晴らしい人生だった」ということでしょう。人の死を、忌避《きひ》すべき悲しみというよりは、避けられないこととして、生に対する感謝や達成感とともに受けとめる。和菓子は、そんな気持ちを伝える役割を担うこともあるのです。

齋藤　お菓子は、日常の暮らしに近いだけに、ある意味、人が生きている証《あかし》を象徴しているのかもしれません。

黒川　そうですね。お菓子は楽しく食べるもので、喧嘩しながら食べるものではないですし（笑）。

齋藤　確かにそうですね。

黒川　お菓子はよく召し上がりますか？

齋藤　ぼくは正直言って、日本のお菓子が懐かしくてたまりません。虎屋さんがパリにあることで、何とか助けられていますが（笑）。

パリのお菓子について言えば、歴史を大きく変えた人物が一人いるのです。それは当時、世界の中心だったウィーンから嫁いできたマリー・アントワネットです。たとえば、それまで田舎パンしかなかったパリにクロワッサンをもたらしました。

黒川　そうだったのですか。

齋藤　そうは言っても、斬新な発想を持ったパンという意味では、日本の方が進んでいると思います。パリのパン屋さんが、フランス独自の工夫を施して、新しいパンをたくさん作ったわけでもない。日本には餡パンもカレーパンも焼きそばパンもあるわけですから。

和菓子の世界も、さまざまな工夫を凝らして、ひとつところに留まることなく、どんどん斬新なものを生み出していますよね。

黒川　その時々の流行や空気感を取り入れてきたのです。たとえば、虎屋に鯨餅《くじらもち》という菓子があります。一六九五年の見本帳に見られ、鯨の皮に見立てた白地の餅の上部に黒地に目玉のような円形が二つ並んでいて、大変斬新なものです。

齋藤　そんな面白いお菓子があるのですか。

黒川　和菓子の世界に限ったことではなく、日本の文化に共通すると思うのですが、昔のものの中には、モダンなものがたくさんあります。

以前、羽織の裏地を古くから扱う岡重の岡島重雄さんに、厚さが一〇センチほどもある見本帖を見せてもらったのです。そしたらそこに、アメリカの都市の摩天楼を描いた柄のものがある。羽織る時にパッとひるがえすと、裏地がちらりと見えるわけです。大正時代のものだそうですが、粋なデザインだと思いました。

今申し上げた鯨餅も江戸時代のものですが、「これだけモダンなものを、よくその時代に」と思わせるアイデアと、商品にしてしまう遊び心がある。

齋藤　淘汰の結果、残ったものが普遍的なデザインとなっていくのでしょうね。

これはぼくの勝手な想像ですが、人間の創造活動には、大きな転機があるような気がするのです。時々、偉人や天才が出てきて、とんでもない発想が湧き、それがパズルのピースのようになって、新しい創造の扉が開いていく。そうでないと歴史は止まってしまう。

そう思うと、ぼくはとてもラッキーだと思います。たまたまこの時代に生きていて、歴史の中で生き続けてきた普遍的な創造活動に触れつつ、現代の芸術家にも触れることができる。そういう多種多様でハイレベルな創造活動を、同時に体験できると思うと、つい嬉しくなってしまうのです（笑）。

◇必然性なんて要らない

齋藤　ぼくがエルメスジャポンの社長をやっていたのは九〇年代、まさにバブルがはじけてからのことでした。企業として新しい形を作りたいと思っていましたが、言うそばから時代は変わっていく。毎日、新しい形が必要と言っていいくらい、変化していかなくてはいけないと感じていたのです。ここ数年は、そのスピードが、さらに速くなっていると思います。

黒川　速いです。そして、そのスピードで進まないと厳しいとも感じています。今までは、目の前のものを少し先取りしていれば、何とかやって来られたかもしれない。だけど、これからは本気になってやらないと、あっという間に過去のものになってしまう。さらに頑張らないといけないと感じています。

齋藤　バブルがはじける前の日本では、水平線上に拡げていけば経済は成り立つという考えが支配的でした。

要するに、貿易を増やして、シェア争いに勝って、という単純明快な理論で経済が成り立っていたわけです。しかし今は、縦も横も、斜めにも、いろいろな方面から考えていかなくてはいけない。ものを大量につくって大量に売れれば儲かるという高度成長時代のホリゾンタルな考え方ではなく、今までと違うものを作っていかなければならないということです。

黒川　虎屋もそうありたいと思ってやってきました。ただ、「そんなことまでやっていいのか」と言われたこともあったのです。

齋藤　「そんなこと」というのはどういうことですか？

黒川　たとえば、二〇〇三年にトラヤカフェを始めた時のことです。「そんなことをやるんですか」の「そんなこと」です。

はじめは、私なりの逡巡や疑問もありましたが、最後は「やるしかない」と腹をくったのを覚えています。いろいろ反省点もありますが、あの時、「そんなこと」と表現されたことを、「やる」と決断したことは良かったと思っています。

過去の成功体験に則って、止った状態で考えたものは、必ずしも成功しないと思うのです。企業にも個人にも「静止状態」はなく、動きながらものを見て、考えて作っていく。まさに、動きながら考えることが求められているのではないでしょうか。

今という時代は、どこの会社も「そんなこと」の枠を超えて軽々とやる、いや、やらなければならない状況でしょう。路線を踏み外して何か違ったことをやると、否定的なことを言われる時代から、前向きに認める時代へ。決まった型にはめることなく、柔軟かつ臨機応変にやっていく、そういう時代だと感じています。

齋藤　時間軸にのって、自由に動きながらやってみたものが、結果的に残っていくのだと思います。エルメスもいろいろ新しい商品を出していますが、成功するものと失敗するものとがある。成功すると、「必然的にこういうことをやるべきだったんだ」と、後から言われますし、失敗すると、「あの時はいいと思ったけれども、本来のものではなかった」と言われてしまう。

　そう考えていくと「作る必然」とは、最初からわかっているものではなくて、理由付けは後からなされるもの。どうしても作りたいという人がいて作った。それを多くの人が素晴らしいと思った。それが、必然になっていくのだと思います。

黒川　理由は後から何とでもつけられるものですから、理由付けしても意味がないです。

齋藤　そうなんですよ。

黒川　「実はあの成功は……」なんて後から論評しても、眉唾もいいところ（笑）。

齋藤　つまり「必然」を作るのはお客様なのです。エルメスがどんなに考えて作っても、商品を買って使うのはお客様です。どんな意味付けをしようとも、お客様の興味をひかなければコレクションから消えていく。「これは面白いな」というお客様の反応があってはじめて、その後の道筋がついていくのだと思うのです。

　虎屋さんが、突拍子もないお菓子を作ったとしても、お客様が「これ面白いね。考えてみたら虎屋さんっぽいね」と思ったら、それは成功です。

　つまり、世の中に認められていくものとは、作る側と使う側の共同作品だと思うのです。世の中が変わっていくに連れ、お客様も変わり、企業も変わる。皆が変わっていく中で、動きながらものを提案し、ものを使っていく。そうやって、次なるものが生まれてくるのでしょう。

ただ、気をつけるべきは、「これを作れば、もっと売れます」と囁《ささや》くマーケティング戦略というものです。

◇裏切ってはいけない

齋藤　「こういうものを作ったら、もっと売れます」と言うエルメスの営業担当に、デュマさんはこう答えていました。「変なものを作って、売れてしまったら困るじゃないか」。エルメスが今まで築いてきたイメージが、一瞬にして台無しになってしまうということです。ものづくりの底流にある精神をゆるがせにしない。そこにお客様との信頼関係があると言ったらいいでしょうか。それがデュマさんの考えだったのです。

黒川　同じような話は、虎屋でもあります。たとえば日保《も》ちするかどうかについて、営業的に言えば、五日間より一週間保つ方が売りやすいということになります。でも、作る側としては、添加剤を入れてまで日保ちする菓子を作りたくない。だから、添加剤を入れずに日保ちさせる努力を続けていきたい。そういう努力や苦労、信念や思い入れを、お客様にお伝えできれば納得していただけるのではないか。

齋藤　お客様の信頼を絶対に裏切ってはいけない。これは、老舗企業の負っている責任でもあり、強みと言えるのではないでしょうか。

エルメスでも、「H」のロゴが入った商品をたくさん作れば恐らく、今の何倍も売れるでしょう。しかし、それだけをやっていたら、五年ぐらいでエルメスの築いてきたイメージは失われてしまう。

黒川　今までのお客様の中には、少し落胆される方もいらっしゃるでしょうね。

齋藤　ただ、「H」のロゴが付いた商品を欲しいと思われるお客様も、たくさんいらっしゃるのは事実。何等かの形で、社会的なステイタスを表現したいという思いがあって、エルメスを購入されるのだと思います。これは、ブランドの入り口とも言えます。

中国の方々は、今、盛んにエルメスやシャネル、ルイ・ヴィトンを買っています。もちろん商品の良さがあってのことでしょうけれど、ある程度、経済的に豊かになった人たちが、自分のステイタスを表現するのに、ロゴが付いた商品を欲しいと感じているのだと思います。中国の方々のことで言えば、六〇年にわたる共産党支配のもと、生活を楽しむ余裕がないままに来た。それが突然「生活を楽しみなさい」と言われても、どうしていいかわからない。だから、憧れを抱いてきたヨーロッパの優雅な生活を象徴するトップブランドを手に入れようとするわけです。

そこを過ぎると、ブランドが提案するライフスタイルを体験する段階に入っていく。日本はとっくにこの段階に入っていて、ロゴの入っているものを手に入れて使うことで、自分のステイタスを表現したいというより、ブランドの持つ世界観を生活に取り入れる段階に達している。つまり、あるライフスタイルを体験してみたいという意識の表れが、エルメスやシャネル、ルイ・ヴィトンに向かわせているのです。

虎屋さんも、同様のことが言えるのではないでしょうか。恐らくお客様は、お菓子とお茶をいただく優雅なライフスタイルに憧れて、虎屋さんを訪れていると思うのです。

そしてそれは、お菓子を通して感じることができる「虎屋さん的な暮らし」です。エルメスにも、バッグやスカーフといった商品を通して提案している「エルメス的な暮らし」がある。どちらも、ライフスタイルを提案しています。

黒川　先ほどのお話のように、エルメスさんがロゴマークを声高に主張し始めたら、あるいは我々が「虎屋です」と言い始めたら、一気に失われてしまう財産があるでしょうね。

◇パリ店は虎屋に教えてくれる

齋藤　日本人は、海外の人には和菓子がわからないと思っているかもしれませんが、そんなことはまったくありません。最初のハードルを越えれば、「日本のお菓子って素晴らしい」と切り替わってファンになるのです。虎屋さんがパリ店を開かれたのも、そこに意味付けがありますよね。

黒川　最初のきっかけは、戦後すぐ、父が初めてパリを訪れたことにあります。虎屋の故郷《ふるさと》である京都とパリが、町の佇まいや雰囲気、人々の気質など、よく似ていると感じたそうです。

京都の人たちは、とっつきにくくて本音を明かさないとよく言われますが、パリの人たちにも似たようなところがある。そしてどちらも、一度、本質的なことを理解して受け容れられれば強い味方になってくれる。父はそんなところにも相通ずるものを感じ、いつか店を出せたらと思っていたようです。ただ当時はまだ、夢物語でした。

その後、一九七九年にパリで行われた国際菓子見本市に出展して欲しいという要請があり、菓子協会として参加することになったのです。精緻《せいち》な職人技が込められた工芸菓子が勢揃いし、美しい器に盛りつけて展示し、実演や試食も盛り込みました。それが評判を呼ぶ展示となって、父は大きな手ごたえを感じたようです。それで本格的に「パリで店をやってみよう」となった。

とはいっても一九八〇年当時、日本人はウサギ小屋のような狭いところに住んで、ただただ金儲けをするエコノミック・アニマルと言われていた頃のことです。

齋藤　その言葉、久しぶりに聞きました（笑）。

黒川　当時はよく言われていました。

齋藤　テレビや新聞によく載っていました。

黒川　父の中には、パリ店オープンについて、エコノミック・アニマルなどと言われていた状況に対して、「そうじゃないぞ、日本人は！」という意気込みを見せたい気持ちがあったのではないでしょうか。

ただ、理屈だけで言ったら、当時のパリに和菓子屋を出すなんて理に適《かな》わない話です。「今こそパリに店を出す。えいやぁ！」とポンと決断しない限り、できないことだったと思うのです。

齋藤　採算的にもおそらく……。

黒川　採算度外視でやってみたところがあります。ですから、最初は大変でした。最初の支配人は村山一という六〇歳の虎屋の重鎮でした。彼は語学は堪能ではなかったのですが、父は、最初にパリ店を託すのは彼しかいないという強い信念を持って送り出しました。初代の支配人として、実に良くやってくれたと思います。

齋藤　それは大変だったでしょうね。

黒川　たとえば、オープン当初から雇っていたフランス人が、ある日突然、「これだけの給料を出してくれなかったら仕事ができない」と机を叩きながら主張し始める。フランスでは、そうやって自己主張するのが普通なのかもしれませんが、日本人にとってはめったにないことです。それで、「何か仕事しづらい環境を作ってしまっていたのか？」と落ち込んだようなこともあったとか。

あるいは、女性の社員が出産と育児休暇をとるということで、「どれくらいの期間、休むか」と支配人に聞いたところ、一年半か二年ぐらいだという。「嘘だろう。そんなに休むわけがないだろう」って（笑）。

初めて経験することばかりで、いちいちあたふたしていました。

齋藤　それは、あらゆるところでとまどいますよね（笑）。

黒川　ただ、そこで初めて、私は働く人や女性の権利をどうとらえるか、さらに出産の尊さなどについて学んだような気がしています。そのおかげで、たとえば産休制度などは、日本でまだソニーや富士ゼロックスなど数社しか導入していない時期に、弊社も導入したのです。

ある場所に拠点を構えるということは、システムや文化、習慣について「学べる」ということですね。具体的な刺激だけではなく、パリは「学ぶ」方法そのものを教えてくれました。

◇「日本にも虎屋はあるの？」

黒川　パリでいちばん人気があるのは生菓子です。色や形、材料が多彩ですし、ひとつひとつの菓子にまつわる物語がありますから。

一方で、羊羹はなかなか難しい。最初の頃は「黒い石鹸」と言われもしました。今は、その頃に比べれば随分と良くなってはいますが、まだ難しいところもあります。

齋藤　羊羹は、何が難しいのですか？

黒川　基本的なことで言えば、和菓子全般に言えることですが、豆を甘く煮ることについて、フランス人は抵抗があるようです。豆というのは、食事の一環として食べるものだという認識が邪魔をしているということです。

齋藤　豆を使った食べ物はしょっぱいととらえていますから。

黒川　そう。甘くすると気持ち悪く感じる。食べ物に関する馴れというのは大きいです。日本でも同じようなことがあります。たとえば、お米を牛乳で甘く煮たデザートのライスプディングは、フランスでは一般的ですが、日本人には抵抗があるわけで。「米を甘くしてミルクと一緒に食べるなんて」という感じでしょうか（笑）。だから、甘い小豆のおいしさを伝えるのに、随分と苦労したのです。

齋藤　どうされたのですか？

黒川　食べて頂かないことには始まらないと、できるだけ丁寧に説明し、まずは口にしていただく努力を重ねました。それが効いたのでしょうか。徐々にファンになっていただいたというのが実感ですね。

数年前にパリの店でイベントをやった時、フランス人のお客様が、羊羹をはじめ、和菓子について滔々《とうとう》と語ってくださって驚いた覚えがあります。

そういう過程を経て、パリの店を通して、和菓子の存在について、少しはフランスの方々に知っていただけるようになったと感じています。

齋藤　エルメスのスタッフも結構お邪魔しているようです。ぼくが訪れると、必ず社員に出くわすんです。

黒川　ありがとうございます。ひとつ、思い出しました。ある日、パリの店を訪れたフランス人のお客様が「日本にも虎屋があるの？」と質問されたというのです（笑）。パリで虎屋を初めて知った方にとって、日本に虎屋があるかどうかはわからない。私にとっては「ついにこの日が来たか」です。ああ、こういうお客様も来てくださるようになったのかと、長くやってきた中で、感慨深い出来事でした。

それから、お子さん連れの若い女性が「私はお母さんに連れられて、子供の時から来ていたので、自分も子供を連れて来た」と話してくださったこともありました。そういったひとつひとつが、実に嬉しい話です。

齋藤　「母から娘」へと伝わっていくとは素晴らしいお話ですね。そう思うと、フランスでは、日本の文化がさまざまな領域において、伝わり広まっています。

三〇代のフランス人はマンガで育った世代だから、日本のことを意外に知っているのです。『ドラえもん』は、路地を通って、原っぱで野球をやっているとか（笑）。日本の団地の風景なんてことも、見知って育っている。スタジオジブリも人気があって影響が大きいですね。

黒川　パリ店のフランス人社員も、マンガを通して日本が好きになったと言っています。

齋藤　マンガは、絵と言葉を組み合わせた今までにない表現として、フランス人にとって新鮮な存在です。マンガから入って、日本のファンになるという人がいるくらい、影響力を持っています。

似たようなものでバンド・デシネ（bande dessinée。フランス語圏で読まれている、ストーリー性と芸術性の高いコミックのこと。『タンタンの冒険』などが日本では邦訳されている）と呼ばれているものがあるのですが、日本のマンガは、それとは別物として扱われていますね。

黒川　それは、どういうものですか？

齋藤　絵と言葉を一体化させ、ひとつのストーリーを紡いでいくものですが、日本のマンガは、音を文字にして絵の中に入れ込んだり、ズームをきかせたりしていきますよね。そんな映画的な表現が面白いということもあって、ファンがついているのです。

◇虎屋がパリに店を持つことの意義

齋藤　海外へ出ていない企業と比べると、パリにお店を出されてからの三六年間で、虎屋さんという企業自体が大きく変わっただろうな、そう思いました。

まず、社長である黒川さんが、しょっちゅうパリに足を運ばれる。意識されていないかもしれませんが、ますます視野を拓《ひら》かれていると勝手に感じておりました。そして恐らく、パリに来られて考えたこと、たとえば日本の良い点などについて、帰国後、社員にお話しになる。それを聞くことで、社員の方も刺激を受けて変わっていく。そんな好循環が生まれているように感じています。

黒川　確かに、社員がパリに行くと、刺激を受けることはもちろんですが、フランスという地から日本を見ることで、自分の立ち位置が見えることもある。帰ってからそれが、自信につながることは少なくないのです。

「自分は絵を描くのがすごく好きだったけど、会社に入ってから忘れていた。パリに来て、時間があるから美術館に行くこともできる。町を歩いていて自分が絵を描いていたのを思い出して、描いてみた」という社員もいました。

最近は、日本で菓子を作っている社員たちは、パリに行きたくてしょうがないらしいです(笑)。「いつでも行きますから言ってください」という者もいて、いろいろな点で活性化されています。

齋藤　やっぱり視野が広がると思うんです。

黒川　広がります。

齋藤　同じものでも違う角度から見ると変わるものです。パリの人たちはこういう風に考える、日本の人たちはこう考えると、客観的に日本のことを見つめる視点は得がたいものです。

黒川　視野やものの見え方が違ってきますね。

齋藤　これからどこか他の国に、お店を出す予定はあるのですか？

黒川　具体的な予定はありません。習慣の違いがあるのでなかなか難しいのですが、中東の方たちは、羊羹や生菓子を好まれるようです。デーツというナツメヤシの実があるんですが、羊羹と同じような食感がある。店を出してくれと言ってくださる方もあります。

齋藤　羊羹を売るのに、ベイルートあたり、いいのではないでしょうか。

黒川　以前、ニューヨークで一〇年間店をやっていましたが、パリと同じような感覚がありました。海外に店を出すことで得られる情報は貴重で、大きな価値があります。

齋藤　黒川さんは、パリがお好きですか？

黒川　年に三回ぐらいは来ますが、やはり好きですね。佇まいに落ち着きがある都市で、変わらないことに安心感があります。日本のような四季はないけれど、季節によって、日本とはまた違った興趣《きょうしゅ》がある。この時季は（パリでの対談は五月の新緑の季節に行われた）、肌寒い中に、春の日差しが感じられ、すっと光が射してきて……。

齋藤　透明な明るさがありますね。

黒川　木が芽吹いてきていますね。秋の落ち葉もいいですし。もちろん、他にも海外で好きな場所はたくさんあります。ハワイに行くと、もう一年中気楽な格好で、草履を履いて仕事ができるんじゃないかと思う（笑）。でも何か考えるときは、やっぱりパリがいいんじゃゃないでしょうか。

齋藤　たとえば、後で日本にトラヤカフェを作る土台も、そのあたりにあったのでしょうか？

黒川　そうですね。やはり海外からです。

齋藤　違うライフスタイルを見聞きするからこそ、アイデアが湧き上がってくるのでしょうね。

黒川　トラヤカフェは、完全にそうです。パリで「羊羹がなぜ売れないのか」という問いに対して、フランス人から、「形が面白くない」、「味が同じ」、「色の変化がなさ過ぎる」といったいくつかの指摘を受けて、これは別のアプローチが必要だと考え、新しい挑戦としてトラヤカフェをやってみたのです。パリの店がなかったら、そうはなっていなかったというのが事実です。

◇トラヤカフェをやってみて

黒川　パリの店が、ある程度認知され出したのは、一九九五年前後からのこと。オープンしてから一五年ほど経っていました。それでいけば、二〇〇三年に最初の六本木ヒルズ店がオープンしたトラヤカフェも、もうしばらく経たないと認知されないでしょうから、じっくり育てていかなければいけません。

今は、虎屋とトラヤカフェで販売する商品を分けていますが（虎屋とトラヤカフェは別の業態。虎屋の中で、お菓子やお茶を供する喫茶は虎屋菓寮と名づけられている一方で、トラヤカフェは現在、都内だけに店を構えている。その他、東京ステーションホテルに入っているのは「トラヤ トウキョウ」、ここには、虎屋グループの四つのブランドの菓子がすべてあり、虎屋、トラヤカフェの他、とらや工房、パリ店の菓子も揃う。食することも購入することも可能だ）、近い将来、同じものを売る時がくるでしょう。何が最善かを考えて変えていきたいと思っています。

出店についても、今は、虎屋ならこういうところ、トラヤカフェならこういうところという風にこだわっている部分がありますが、びしっと判断基準を決めてしまうのではなく、ひとつひとつ判断していけばいいと思うのです。

齋藤　将来が楽しみです。

黒川　一般的には、最近は何事も、五年、一〇年というスパンで考えるのではなく、一〜二年で結論を出そうと急ぎすぎているように感じます。どちらがいいのか迷うところではありますが、少なくとも、今ダメだからすぐやめよう、という気はまったくありません。

トラヤカフェを出したことで、女性や若い方たちの認知が高まり、「あんこって初めて食べたけどおいしい」と言ってくださったり、トラヤカフェから虎屋を知っていただき、「赤坂に虎屋という和菓子屋があるらしいから、今度行ってみます」というお客様がいらっしゃったり。新しい顧客を開拓する役割を、トラヤカフェは果たしているのです。

齋藤　さっきの「日本にも虎屋はあるの?」と同じですね。「虎屋って、けっこう昔からあったの?」って（笑）。日本の文化のひとつである和菓子が、フランスに伝わって定着しているのは、ぼくにとっても嬉しいことです。

今のヨーロッパにある、さまざまな店や商品を見ていると、どこか行き詰まっている空気がありますが、日本は、打開策を提案できる位置に立っていることが、多々あるのです。

黒川　日本から伝える流れが始まっていい頃だと思います。

齋藤　いや、もう始まっていると思います。お菓子もそうだし、お酒の飲み方にしても「こういう飲み方してもいいんじゃないの」と、日本人がフランス人に伝えていっている。

一方で、少し気になることもあります。日本は「こうしなくてはいけない」と形式にこだわってしまい、そこから少しでも逸脱すると、「あの人はわかってない」と否定するところがあります。でも、既成概念を崩して、本来のいいところを伸ばすべきだと思うのです。

ぼくは、母がお茶とお花を教えていたので多少はたしなむのですが、茶道も華道も同じことです。いっそ形式を崩して自由に生ければいいと思うのですが、「それは本来のお花ではない」と否定されがちなわけです。意味をとらえずに形式に基づいて生けただけでは、本来の良さは失われてしまう。

黒川　とかく、本物はこうなんだ、とすぐ言ってしまいがちですから。
斎藤　そこで止まってしまうんですよね。

◇日本語の素養を身に付けたい

斎藤　黒川さんのお話を伺っていて、和菓子を表現するにあたって、自分の語彙を反省しました。ついつい「これはメレンゲのよう」「マシュマロのよう」と外国のものになぞらえてしまっていて。

一方でこれは、ぼくに限ったことではないとも思ったのです。今は一般的に、和菓子より洋菓子を食べる機会が多いですから、勢い、知識の量も逆転している。

だから、和菓子の説明に洋菓子の事例を持ってきたりするのですが、本来は逆ですよね。それがいつの間にか入れ替わってしまっています。

ただこれは、和菓子に限ったことでもない。たとえば、着物を説明する時に、洋服の用語を使ったり、色の表現でも「ピンク色のような桃色」と表現することもある。いずれも、本末顚倒のような。

黒川　確かに考えさせられます。若い人にわからない言葉がある。

たとえば、「一張羅《いっちょうら》」という言葉を私たちはよく使ってきたと思いますが、三〇歳の娘に聞いてみたら、「何それ？」と言われてびっくりしました。

齋藤　「一張羅」ですか（笑）。

黒川　そう思うと、昔ながらの言葉で、皆も知っていると思って使っているのに、実は使われなくなっている言葉は多いのかもしれません。「あられもない」、「お里が知れる」は、今の人に通じるか。そういったことを考えてみると、私の話は、半分くらいしかわかってもらえていないのではと思ってしまいました。

齋藤　この間、「縁側」という言葉が通じなかったと聞きました。ずっとマンションに住んでいると、「縁側」を知らないわけです。それで、「縁側とは、いわばバルコニーみたいなものだ」と説明しなくちゃいけない（笑）。さっきのマシュマロから和菓子を説明するのと同じです。

黒川　「軒《のき》」「庇《ひさし》」あたりも、通じないかもしれません。

齋藤　「そんなこともわからないのか」と思ったりもしますが、一昔前は、ぼくも同じように年配の方から、「そんなことも知らないのか」と言われていたような気がします。言葉とは、時代とともに移り行くものなのかもしれません。

それを差し引いても、日本はボキャブラリーがどんどん変わっていく国だと思います。以前、喫茶店に入った時のことです。あれ？　今は「喫茶店」ではなく「カフェ」でしょうか。

黒川　「喫茶店」で大丈夫です（笑）。

齋藤　「ミルクコーヒーをください」と言ったら、「カフェオレですね」と返されたのですが、そういうことがしょっちゅうある。数年前に帰ってきたときは、「プチ○○」という言葉が流行っていましたし。「なるはや」も、随分と定着しているようです。

黒川　え？　何ですかそれ？

齋藤　「なるべく早く」だそうです。日本人は、言葉を縮めたり、アクセントを変えたりして、造語や短縮語をどんどん作ってしまう。そしてすぐ、日常生活の中で使うようになる。ぼくは帰国する度に、浦島太郎になった気分です（笑）。

でも一方で、日本人は日本語に対して、柔軟で寛容だとも感じます。だから、変化を受け入れてもいるのだと。

黒川　フランスは、言葉に関して頑固と聞いていますが。

齋藤　そうですね。もちろん変わってはいきますが、日本ほど外来語を取り入れることは、ないですね。あと日本の場合、マスコミをはじめ、皆が一斉に使い始めるので、すぐ広まるのではないでしょうか。

◇パリのサイトーさんの生活

齋藤　パリでの私の一日は、まず朝は、七時頃に起きて、家族と一緒に朝食をとります。朝ごはんはフランス風というより、妻がドイツ人なので、ソーセージ、ハム、チーズなどをパンと一緒に食べるドイツ風です。それにカフェオレ。

家族は、ドイツ人の家内と子供が三人です。上の二人が女の子で一三歳と一二歳。下の男の子が八歳です。子供たちを学校へ送り出すのは妻の役目なので、私は八時過ぎに家を出て会社に向かいます。九時過ぎにはオフィスに到着し、だいたい夜七時過ぎまで働きます。日本にいた時も、仕事は七時頃までだったので、そのあたりは変わりません。もちろん、残業することもあって、毎日七時に帰れるわけではないのですが、九時を過ぎるとセキュリティが回ってきてうるさいので、九時以降に会社にいることはあまりないですね。

黒川　仕事上の「付き合い」はないのですか？

齋藤　日本にいる時は、夜の会合が多く、家で夕食を食べるのは週末ぐらいでした。それがフランスの場合、夜の「付き合い」は何もない。せいぜい日本や海外からお客さんがいらした時くらいで、それ以外はなし。時々パーティはありますが、数が限られていて、本当に少ないです。ただ、国内外を含めて出張が多くて、一年のうち三か月ほどは出ています。

黒川　奥様がドイツ人でいらっしゃると、お家の中では何語ですか？

齋藤　妻は、日本語も含めて四か国語を話します。ぼくはドイツ語ができないので、日本語とフランス語と英語です。本については、英語のものを読むこともありますが、基本は日本語かフランス語です。子供たちは、学校はドイツ語で、ゴルフスクールはフランス人と一緒なので、フランス語で話しています。

黒川　お子さんとご一緒の時間は？

齋藤　一緒に過ごすのは、とても楽しい時間です。ただ、勉強については、ドイツ人学校へ行っているので、家内が全部見ています。ぼくは幸い、ドイツ語ができないので（笑）。補習校の日本語とピアノとゴルフが担当です。

　週末の土曜日は、息子をサッカークラブに送ったり、娘を補習校に送ったり、運転手をやっています。夜はだいたい、お客さんを呼ぶディナーを自宅ですることが多いですね。日曜日は、比較的ゆっくりと家族全員でいて、お昼過ぎに、家から五分のところにあるゴルフ場に行ってプレーします。フランスは、子供が育つ環境として、圧倒的にいいです。日本だと、どこに行くにも時間がかかるし、ゴルフなどできないでしょう。

黒川　いいですね。大いに反省します。

齋藤　週末、友達と会うにしても、家に招待することが多いので、どこかへ出かけることはあまりないですね。そういう意味では、日本の生活に比べてゆったりとしています。

　それと、わが家は日本人とドイツ人のカップルなので、双方の国のお祭りは全部やるんです。日本で言えば、新年、節分、お節句と、鯉のぼりも揚げています（笑）。ドイツで言えば、クリスマスやイースターも、とにかくすべてやることにしています。

　教会も行きますし、日本に行ったらお墓参りをして、お寺でお経をあげてもらう。お母さんの国の文化とお父さんの国の文化は、全部やることにしているのです。

黒川　ご旅行もよく行かれますか。

齋藤　家族でよく行きます。それもテーマがあって、イースターの時は、必ず地中海の島へ行くとか（笑）。

黒川　休みをきちんととることは大切です。

齋藤　とります。なにしろ代休を入れて、年間で休みが七週間、夏場は三週間あるのです。日本にいた時も、夏休みは二週間取っていました。社員から「二週間ですか」と驚かれましたが、上が休みを取らないと下が取れないので、必ず取るようにしていました。

黒川　必要ですよね、本当に。

◇クロカワさんの社長な一日

黒川　私の毎日の生活はと（笑）。朝は六時半から七時くらいに起きて、会社へ行くのは八時過ぎ。八時一五分か二〇分くらいには、だいたい仕事を始めています。朝飯は、妻が作ってくれるジュースを飲むことが多くあります。この間、百貨店のお付き合いで最新のすごいミキサーだということで何となく断れなくて購入してしまったところ、妻から「ミキサーはうちにあるのに」と言われてしまいました（笑）。俺が作るからと言ったのですが、結局は彼女が作ってくれて、それを飲んで会社へ行っているのです。
仕事が終わってからは、先ほどの齋藤さんのお話にあったように、たいがいが「お付き合い」。土日も、一時期よりは随分減りましたが、何かしら予定が入ってきます。

齋藤 百貨店の催事なんかもありますね。

黒川 もう七〇歳ですから、そろそろリタイアしてもと思うのですが(笑)。最近は、付き合いを月曜日から金曜日のあいだに限定し、できるだけ減らすようにしています。それでも、家で夕食をとるのは週に一、二回ですね。

妻は大学で教えているので、彼女なりに忙しい。ただ、私とは違う見方をしてくれます。「仕事関係の夜の会合が日本はとても多い。大事かもしれないけれど、それは意味のある集まりなの?」と言われ、はっとさせられます。

「あのデパートの集まりだから、ちょっと顔を出しておかないと」ということなのですが、本当はそんなに意味がないかもしれない。つい行ってしまうのは、その意味を考えずに惰性に流されているからかもしれない。だから「そういうところを変えていかないと、日本の社会は変わらない」と言われてしまうのです。

齋藤 私が日本に帰国して働き始めた時、まずは年末年始の挨拶仕事の多さに驚かされました。取引のある百貨店を回るわけですが、先方も忙しくて不在が多く、年末に行って名刺だけ置いてくる。それで、また年始にうかがうと、また先方は忙しくていない。それでまた、名刺だけ置いてくる。日本中どこの会社も、みんなでそういうことをやっていたのです。

黒川　年末年始の挨拶はそうなりがちです。

齋藤　あの習慣にはビックリしました。

黒川　確かに不合理な習慣が多いかもしれません。誰かが変えなかったら変わらないことが。誰が変えるかといえば、そういうことに疑問を持つ人とか、私とかが言うしかない。できる限り変えたほうがいいと思っています。

齋藤　そもそも、年末年始の挨拶の目的は何か、というところに立ちもどれば、変われると思うのです。本来、何をすべきかを考えれば、名刺を置いてくることではないはず。

子供の頃は、学校の先生の家に行って、「今年もどうぞよろしくお願いします」と、心のある挨拶をしたものです。そういった年末年始の挨拶の持っている本来の意味を、今の世の中で行っていくにはどうしたらいいのか、それを考えればいいのに、形だけになってしまっているのではないでしょうか。

黒川　そうですね。

齋藤　「挨拶に行った」という形だけ残しても、そこに気持ちはないわけです。それなら形を変えてもいいから、気持ちを込めたことをやる。私はエルメスジャポンの時代に、いろいろな行事を見直しました。

年末年始の挨拶については、顔を合わせてきちんとお話しすることにしたのです。事前にアポイントを取って、お会いして一時間は話す、会食をするといった具合です。

黒川　見直さなければならないことは、たくさんあります。

◇贈りました、の形骸化

黒川　フランスには、中元・歳暮のような贈り物の習慣はありますか？

齋藤　クリスマスプレゼントですね。

黒川　中元・歳暮は、本来は、お世話になった方へのお礼として行ってきた風習です。ところが今は、あそこもここも、どこもかしこもとなって意味が薄らいでいる。きちんと議論をして、信念をもって誰かが変えないとそのままだな、と思います。

齋藤　エルメスジャポンの社長になった時に、お中元を見直すことにしたのです。リストだけ見て、上から一斉に送るようなことをやめようと。本当にお世話になった方ということで、各部署全部に見直させたら、リストの数が半分以下になったのです。つまり、それまで、会ったこともない人に贈っていたんです。

黒川　そういうこともあります。

齋藤　会ったことがなくてもお世話になっている方もいるかもしれないですが、気持ちがあるのだったら、会いに行っているはず。それを、大きな菓子箱を送りつけるだけというのは、良くないと思いました。

黒川　ナンセンスですね。では、なぜ送り続けるのか。それは、いつも送っているあの人に送らなかったら、変な顔をされるんじゃないかと心配だから。ところが、相手にとってみれば、黒川から来たかどうかなんて、大したことではないかもしれない。贈る側の余計な慮りが過ぎて、形だけになっているところもあると思います。

齋藤　フランスは、贈答をパーソナルなものととらえる文化があるので、何を持っていくかということについては、とても気を遣います。

ディナーに招かれると、たいていお花を持っていくのですが、最初はこれが拷問に近かった。というのは、まずはセンスが問われるので、どういうお花を持っていくかで迷うわけです。そして次は、相手に対する理解を問われる。つまり、その方の性格や状況をわかった上で、お花を選ばなければならない。そして、流行りの花屋とか今ひとつな花屋とかがあるので、「え？　こんなとこの花なの？」と思われないような花屋さんを選ばなければいけない。もう試験を受けるみたいに、試されるわけです。男性が女性に花を持っていく時は、もっと大変ですよ（笑）。

だけど、贈り物とは本来、そういうことです。センスを表現するものでもあるし、自分の個性を出すものでもある。だからこそ、日本では虎屋さんのお菓子が選ばれる（笑）。

黒川　日本の場合、たとえば知り合いの方が亡くなった時など直接花屋さんに行かずに「どこどこに送ってくださいと」と頼むこともありますが、その時「一万円ぐらい」とか「二万円で」とかいうのでは心がこもっていない。「どういう方で、自分とはこういうかかわりがあって、こういう花にして欲しい」と伝えることが必要でしょう。

本来の贈り物とは、難しいもののはず。それを楽にしてしまっているのが、先ほど話した中元・歳暮のように、一斉に同じものを「贈りました」というシステムです。

齋藤 日本の習慣は、起源に遡《さかのぼ》ってみると良い習慣が多いので、きちんとやればいいと思うのです。それが恐らく、西洋文化が怒濤のように入ってきた時期に、昔ながらの習慣はダメだという人がいたのでしょう。明治・大正時代に、漢字やひらがなをやめてアルファベットに変えた方がいいという運動があったとか、作家の志賀直哉がフランス語を公用語にすればいいと書いたとか、けっこう知識人の中にも賛同者がいたそうです。

パリの良いところは、長い歴史の中で「こうあるべき」と、フランス人自身が、価値を識別してきたところです。その識別の上に立って、町を築き、法を作り、ライフスタイルを描き、今もそれを続けている。

人権や人道主義という言葉もフランス人が作ったものです。言葉というより、その概念をフランスが作ったと言ってもいい。「人間とはこうあるべきだ」という識別のルールがあることは、フランス文化で尊敬すべきところです。そうやって着々と積み重ねてきたものだから、ひとつひとつに意味がある。それに比して日本は、「人間とはこうあるべきだ」が見えてない国、と言えるのではないでしょうか。

黒川　確かに、東京の町も識別のなさが表れていますね。

齋藤　東京は、戦後の高度成長時代の六〇年代、七〇年代に、大きな変化を遂げたわけです。その際、何か識別のルールがあって変えてきたわけではないので、ライフスタイルとつながっていないのではないでしょうか。

それも、少しずつ変わってきたのであれば、積み上げた変化になるのですが、高度経済成長時代にがらがらと変えてしまった。急に変えてしまったがために、失われてしまったものが少なくない。

だから、ヨーロッパのライフスタイルを追いかけている一面もあるのでしょう。アメリカは二〇〇年しか歴史がない国なので、ヨーロッパから持ってきたものを土台に、多くの国の人たちのライフスタイルをミックスして作ってきた。それに似た変化をしてしまったのが、日本だと思います。

その意味で日本は、もう一回作り直して形にする作業が必要ですね。日本独自のライフスタイルがあってしかるべきで、識別して進めなくてはいけないはずです。

黒川　無理が肥大しているから、作り直す時期に来ていますね。

◇行事の多過ぎる日本

齋藤　先ほどもちょっと出ましたが、日本は行事が多過ぎますよね。日本にいると、それに追われて時間が早く経ってしまう気がするのです。たとえば会社で言うならば、会社説明会に面接、それから新入社員歓迎会、土日には結婚式に百貨店への挨拶、それから……。

黒川　所属している団体の集まりとか。

齋藤　そうです。そういった会合は、相手が決めるものが八割か九割で、自分からやりたいというものはあまりない。この立場だからこれには行かなきゃ、というものばかり。時間が制約されるから、自分のやりたいことは残りのところでやる。だから、自分の時間が持てないということになってしまうのです。

うちの妻が日本へ来たばかりの頃、私が業界のいろいろなパーティに呼ばれるのに「私は呼ばれないの？」と言うから、何度か連れて行ったのです。でも、半年経ったら「あんなつまらないパーティは、もう行かないわ」（笑）。知らない人ばかりだし、昔からの慣習が形骸《けいがい》化して残っているだけというわけです。

黒川　お決まりのスピーチがあって、スピーチが終わったら、お寿司をつまんで、バーッといなくなっちゃう（笑）。私の両親も夫婦で呼ばれる機会があったのですが、父が死んだら、母親はどこにも呼ばれなくなってしまった。日本はやはり、「会社＝男」という前提が多過ぎると思います。家庭を支援部隊のようにとらえている気さえしてしまいます。

齋藤　まったく同感です。

黒川　私の場合は、妻から良い影響を受けています。もし、妻が働いていなくて、色々考えてくれない女性だったら、違った黒川光博になっていたのはまちがいない。

齋藤　そうですか（笑）。

黒川　彼女との結婚は、私にとって大変にプラスでした。言われてもっともだと思うことが多い。反論することもありますが、本質は言われた通り。

齋藤　男って、割と会社人間、仕事人間になりがちです。必ずしも望んでいるわけではないのでしょうが、社会の決まり事をずっとやってきたこともあって、仕事をする人間として存在してきたように感じます。

フランスでは、仕事は人生の一部と考えるけれど、日本は仕事が人生のすべてになってしまいがちで、会社の常識が世間の常識になる。会社で当たり前のことでも世間では犯罪なのに平気でやってしまうのは、そういうことでしょう。

ところが女性は、男社会の中で、ある程度「外されて」きた。だから「外から見る目」を持っている。黒川さんがおっしゃったように、「本来の人生とは」、「本当の生活とは」、「自分が幸せになることとは」と、会社や仕事以外の角度から、物事が見られるのです。男は、仕事にどっぷり浸かっているので、仕事以外の自分の幸せを考えたら、「え？　もしかしたら何もないかもしれない」となる。女性の場合はレールが敷かれていないので、自分で考えて進まないと、この社会で生きていけないのです。だから、女性のほうが当然、インテリジェントになっていく。日本では女性のほうが絶対にインテリジェントですよ。

黒川　そうですね。男はあまり考えていない。

齋藤　男性の場合は、朝起きて、ネクタイを締めて背広を着れば、仕度は済みます。女性の場合は、朝起きて、今日はあの人に会うからこういう格好でこういうお化粧をしよう、髪型は……と男性の五〇倍ぐらい考えている。男は考えずに暮らす毎日を重ねているから、つまらない形にはまっていくのではないでしょうか。

黒川　その考えのなさが、私の言葉にも表れていて、妻から「『僕ら』って言うけど『ら』は誰のこと？」と聞かれるのです。「あなたの『ら』は、会社の場合が多い。でも、普通なら家族を指すんじゃないの」と。確かに、考えないまま使っていることが多い。

齋藤　奥様はすばらしい女性ですね。

黒川　ありがとうございます。

4

東京を離れて、ものづくりを考える

二〇一四年一一月、静岡県御殿場の「とらや工房」にて

御殿場の「とらや工房」でくつろぐ

「とらや」の和菓子は、御殿場、京都、赤坂で作られている。富士山の麓の御殿場工場は1978年の竣工以来羊羹や最中など主力工場となっており、150名ほどが勤務する。工場から車で20分ほどのところにあるのが、黒川氏のお招きで齋藤氏と出かけた「とらや工房」だ。

20名ほどが切り盛りする工房で、ガラス越しにお菓子の製作現場が間近に見られ、お菓子や地元産の食材による食事もできる。山門をくぐると散策もできる庭や竹林が広がる。

敷地に隣接する「東山旧岸邸」は岸信介の邸宅だった家屋で、虎屋の関連会社「虎玄」が指定管理者として管理し、入館することもできる（詳細はHPなど参照）。

「とらや工房」で作っているのは大福、人形焼、どら焼きなど従来の「とらや」にはない素朴なお菓子。地元の農産物や自分たちで栽培したサツマイモを使うなど、「とらや」とは異なる環境の中、違うコンセプトでの和菓子作りを黒川氏は目指したという。

5600坪の敷地の手入れは、多くを社員で。喫茶の食事で「たけのこおこわ」として出すタケノコを掘ることもあるそうだ。

また、原材料の調達から菓子づくり、販売まで、すべての作業を一貫して社員に行わせるため、「ここで学べば和菓子屋を開ける」とは本文中にある通り。こちらの工房独自のあんこを製造する。「とらや」ではつくれないものを目指すには、方法を自分で考え出さなければならず、人形焼の例で本文中でも触れたが、最初は苦労の連続だったようだ。

付け合わせの漬け物は地元のご婦人方による製造販売元「ふるさと工房」の手作りのもの、混んだときの駐車場整理はシルバーセンターの方、静岡界隈の地場の素材を中心に、と地元との共生をはかる。

自然も豊かで、イノシシにサギにムササビ、夜にはフクロウの鳴き声が聞こえるそうな。

◇作る人と使う人の距離

黒川　この御殿場に、虎屋は一九七八年から工場を持っています。一九八〇年には喫茶を併設した店舗を開設しました。

地元の原材料を使ったり、地元の方にもっと気軽に来ていただいたりできるような、地域に根づいた店を作りたい。作るところを見て、買って、食べていただけて、少しゆっくりしていただける場にしたいという思いが、ここ「とらや工房」につながったのです。

ここをオープンしたのは、六本木ヒルズに「トラヤカフェ」（二〇〇三年）を、東京ミッドタウンに「とらや　東京ミッドタウン店」（二〇〇七年）を出して、メディアで取り上げていただく回数がぐんと増え、社員全員少し舞い上がり気味になってしまい、「菓子屋の原点を忘れてはならない」という思いがあったからです。

一方で、その数年前から、簡単な喫茶を街の中でやってみたいと思い始めてもいた。それが、東京ではなく御殿場で「とらや工房」という形になったのです。

齋藤　素晴らしい場所ですね。エルメスも、もともと店のすぐ上がアトリエでしたから、お客様と一緒にものを作ってきた歴史があるのです。今は、お直しのための小さなアトリエになっていますが、売り場から直結した階段が設えてあって、お客さんに来ていただけるようになっています。この考え方を日本でも踏襲しようと、銀座の「メゾンエルメス」でも、売り場からアトリエに行ける階段を作ったのです。

黒川　そうなんですか。

齋藤　ええ。「メゾンエルメス」を建てる時、本店のような階段が欲しいと思ったのです。作る人と店から扉を開けて階段を昇っていくと、突然アトリエのど真ん中に入れるような。作る人と使う人の距離が近いこと、交流が生まれることが大事と思い、やってみたのですが、店が開いてみると、やはり作って良かったと感じました。

黒川　「とらや工房」は、作る人と使う人が近いという点でも素晴らしいですが、この自然環境は、働く人にとっての栄養にもなりますね。

齋藤　ありがとうございます。

エルメスでは毎年、テーマをひとつ設けてものづくりをしているのですが、私が入社した一九九二年は、「海」がテーマでした。そこで、当時社長を務めていたデュマさんは、とんでもなくユニークな提案をしたのです。「海」にまつわる発想を広げるために、職人のアトリエを、一年間だけ海のそばに移そうと（笑）。結局、諸々の事情があって実現しなかったのですが、その代わり、職人たちそれぞれに、世界各国の海を見に行ってもらうことにし、そういった経験や実感が大事だと、皆が気づくきっかけになりました。同じ場所でものをつくるのではなくて、いつもと異なる環境に職人が身を置いて、違う刺激を得ることが必要という発想です。

「とらや工房」は、見事なまでに、同じ考え方を形にしたところです。エルメスが、あの時できなかったことを、虎屋さんはここで形にされていると、深い感銘と共鳴を覚えました。社員の皆さんも、ここで働きたいという方が多いのではないですか。広い庭の中という最高の場でものが作れる。虎屋さんの懐の深さが感じられる場でもあります。

黒川　ここは、地元の方と話しながら、教えてもらいながら動いている場所です。畑に芋を植えて、それを材料にして芋羊羹を作るようなこともやっています。その芋を、みんな猪に持って行かれたなんて面白い話もあって（笑）。

齋藤　その後、黒川さんが、その猪を鍋にして食べたというオチをうかがいました（笑）。

黒川　あれ、結局どうしたかな（笑）。

最初のうちは、近隣の方のご利用だけでいいと思っていたのです。だからホームページも作っていなかったのですが、四、五年経って「話には聞くけど、どうやって行けばいいのかわからない。不親切過ぎないか」というお声を耳にするようになり、ホームページで情報を出すようにしました。

積極的な広報活動はしていないのですが、東京からもだいぶ来ていただくようになっています。

齋藤　多い日では、五〇〇人近くもの人が訪れるとうかがいましたが、じわじわ知られ、人気が出ているのは素晴らしいですね。

黒川　ここは、ガラス越しに作る人や工程を見ることができます。そして、忙しい時には、作っている人間が店に出てきて販売する。そして、菓子が足りなくなると、中に入ってまた作る。これは、お客様と直に接するのが大切だと考えてのこと。

と同時に、材料をどう仕入れ、どれくらい作るかといった全体の運営も、自分たちで全てやりなさいと任せています。製造も販売も、それを帳面に付けることまでも、全部できるようになって欲しい。ここに五、六年勤めたら、自分で菓子屋ができるくらい、何でもできるようになってもらいたいのです。

◇ものづくりの原点

齋藤　大きな会社にずっといると、いつの間にか、そういう視点を忘れて、組織の歯車になってしまいがちです。

黒川　そうなんです。

齋藤　東京のど真ん中でやっていると忘れがちなこと。それを、もう一度思い起こすのは大切ですよね。そうしないと、何のためにお菓子を作るのかを見失って、「仕事だから」で終わってしまう。

ここで採れた食材を使ったおこわと、ご近所の方が作った漬物を、先ほどの昼食でおいしくいただきました。こういう土地との関わりの中で、ものができていくことを改めて実感しています。

黒川　目の前のお客様のために、どれだけ精魂込めるかということに、社員が向き合うことが大事です。

ここは、ご覧のように大きな窓を通して、工房の働いている人間の足元まで見えるような造りにしています。当初は、「真剣になっている作業場を外からのぞかれるのは気が散る」、「床を掃除するようなところを見られたくない」といった意見もあったのです。

でもやってみると、外の環境が見えることで、気分が開放的になっていく。壁の中の環境とは、大きく違います。懸念していたネガティブな要素も、さほど気にならないことがわかってきた。それどころか、見られることで、ちょっと誇りを持つようなところも出てきたくらいで（笑）、こうして良かったと思っています。

齋藤　もうひとつ、ユニークだと感じたのは、ここでは、従来の虎屋さんのラインナップにないもの（虎屋で一般に販売していない、人形焼、大福、どら焼きなど）を作っていることです。今までと違うものを作ることによって、自分がやってきたことの意味や、虎屋の作るべきものがわかることにもなる。自社のものづくりについて考えざるをえなくなる。会社の再発見につながりそうです。

黒川　そうですね。昔から伝わっている菓子は、ほぼ同じやり方です。けれども、皆さんがお求めになるものは、もっと広くなってきているかもしれない。だからここで、虎屋が今まで製造していない菓子に挑戦して欲しいという思いもあります。新しいことは、そう簡単にできるものではないですから。

齋藤　それなりのレベルのものでなければいけませんし。

黒川　そこに、技術開発以上の意味があると考えています。

齋藤　そうですね。今日もまた、いろいろと勉強になります（笑）。ここ御殿場までうかがって、本当に良かったです。

黒川　ただ、いつまでもこのままでいいかというと、そうではないのですよね。どこかの段階で、ここのものが商品になっていく。あるいは、ここならではの新しいものができていく。「ここだからこそ」がなければ意味がないので。

齋藤　働いている人や、訪れている方々を見ていると、上手くいっているように感じますが。

黒川　次はどう発展させるかです。

ここができてまだ七年足らずですが、早いうちにどんどん挑戦してみないといけないと思っています。二〇年、三〇年と時間が経ってから何かやろうとすると、背中に歴史を負ってしまって、大方のことがやりにくくなってしまうので。

齋藤　そうですよね。最初のうちは、気持ちが昂《たかぶ》っていろいろなアイデアが出ますが、一度できあがってしまうと、それを崩すことに、大きなエネルギーが必要になります。

黒川　時間とは難しいもので、重ねていくと、何か新しいことをやりにくくなるきらいがありますね。

エノキアン協会（英語ではThe Henokiens。一九八一年に設立された老舗企業の国際的な団体で、創業以来二〇〇年以上の社史、創業者の子孫が現在でも経営に関わっていること、現在でも健全経営を維持していることなどが加入資格。パリに本部があり、イタリアやフランスを中心に欧州八か国と日本で四六社が名前を連ねる。日本企業では虎屋のほか、七一八年創業の法師、一六三七年創業の月桂冠、一六六九年創業の岡谷鋼機、一七〇七年創業の赤福、一六四五年創業のヤマサ醤油、一六九〇年創業の材惣木材、一七一六年創業の中川政七商店の八社が加盟）の年一回の総会が、二〇一四年九月に東京で行われ、弊社が幹事役を務めたのですが、ヨーロッパ各国からいらしたメンバー企業の方たちに、ここまで足を運んでいただきました。

それで、弊社社員のフランス人女性が実演しながら、メンバーの方々と一緒に和菓子を作り、その場で召し上がっていただきました。まさに、作って、見て、食べて、わいわいと楽しんでくださって。

齋藤　わあ、いいですね。西洋の人が見ると「こういうお菓子があるのか」という発見がありそうです。和菓子の素材の練り方は、陶芸の土のこね方や西洋のお菓子づくりと違うと思うので。皆さん、さぞや喜ばれたでしょうね。

黒川　菓子づくりもこの空間も気に入っていただけて、良かったです。

◇世界の老舗企業はつながっている

黒川　エノキアン協会の総会では、レオナルド・ダ・ヴィンチ賞（エノキアン協会とフランスの「クロ・リュセ城」【レオナルド・ダ・ヴィンチが生涯最後の三年間を過ごした城で、一八五四年以降城を所有するサン・ブリス家は、レオナルド・ダ・ヴィンチの遺産や作品を後世に伝えることを使命として活動】の城主が中心となり、文化的価値観や固有の技術を保持し、伝えていく優秀な企業を表彰）の授賞も行ったのですが、受賞企業は一九〇八年創業の「貝印株式会社」（岐阜県関市で創業。カミソリや刃物類の製造で著名）さんでした。表彰式には、イギリスで日本の美術史を勉強してこられた彬子女王殿下が英語で講演をされ、何か国かの大使も見えましして。

齋藤　それは盛大な会合になりましたね。そう言えば二〇一四年五月に、同じく黒川さんが団長をなさって、日本の「Spirit of SHINISE 協会」（一般社団法人で、企業は社会の公器であり、社会環境との調和に配慮しつつ健全で長期的な繁栄を求める経営を目指すという老舗的価値観をもつ企業グループ・五〇社ほどがメンバーで、勉強会も開催。虎屋もメンバー）の方々が老舗精神探訪の旅ということでパリにいらして、パリ・イル・ド・フランス地方商工会議所の日仏経済交流委員会で講演と討論会をされましたね。ぼくはその折に開催のお手伝いをさせていただいたのですが、改めて素晴らしい活動だと感じ入りました。世界にアピールする場を、どんどん広げていけるといいですね。

黒川　そうでしたね。あの時は、色々とご協力いただきありがとうございました。「Spirit of SHINISE 協会」は老舗のスピリットを持っている会社なら参加できるのです。必ずしも創業が古い会社ばかりで構成されているわけではありません。

齋藤　老舗というよりは、「老舗的な考えを持って経営している企業」の集まりですね。聞くところによると、日本には、創業一〇〇年以上の企業が約二一〇〇〇社、さらに、創業一〇〇〇年を超える企業が八社もあるそうです。その意味で日本は、世界の中でも老舗大国と言っていいのではないでしょうか。

中でもぼくが、虎屋さんを素晴らしい企業だと感ずるのは、老舗として、基軸を変えることなく変化を続けていらっしゃる、しかも、国際的に開かれていることです。

黒川　まだまだです。

齋藤　あの時も、日本からいらした経営トップの方々から、「老舗としての心構え」についてお話をうかがい、とても勉強になりました。

最近、仕事で、オランダの建材陶器屋さんを訪ねたのです。もともとは、タイルの製造を営んでいた企業で、四〇〇年くらいの歴史を持っていますが、今の社長が優秀な方で、企業としての基軸は変えずに、新しいことに挑戦しているのです。

かつては、暖炉で使うタイルを作っていたのだそうですが、需要は減っていくばかり。いろいろ挑戦してみたそうですが、これがなかなかうまくいかない。先代の時には「会社を畳んだ方がいい」という状況にまで陥ったそうです。

そこで活路を見出すために、タイル作りの技術をもとに、建築に使う建材を作ってみようというところに行き着いた。あるオーストリア人のデザイナーと偶然の出会いがあって、商品を試作してもらったら、予想以上にいいものができあがった。「質感がかっこいい」ということで人気が出て、今は、ニューヨークをはじめ、世界各地で使われているそうです。

つまり、老舗としての精神を持ち続けながら、世の中の変化に合わせて、新しいことにチャレンジした結果が、今につながっているのです。エノキアン協会に入らないのかと聞いてみたら、今はまず、会社を立て直したいと言っていました。

黒川　レオナルド・ダ・ヴィンチ賞を受賞された貝印さんのお話も面白かったです。刃物という基軸を大切にしながら、その時代、その時代にどうフィットしていくかを考え抜き、今にいたる道を築いてこられた。受賞の際の資料によれば「一九〇八年、岐阜県関市にて、ポケットナイフの製造で創業。一九三二年に国産では初となる替刃カミソリの製造を開始、一九四七年にはカミソリ、刃物類の卸売業を開始。一九九八年には世界初の替刃式三枚刃カミソリを開発。一方で、美粧用品、包丁・調理用品、製菓用品などの家庭用商品から、医療器、産業用刃物まで幅広い商品を扱い、一万点を超える品目を揃える。現在は、世界で累計販売数四〇〇万丁を超える高級包丁ブランド『旬』、フランス三つ星シェフのミシェル・ブラス氏との共同開発ブランド『Michel BRAS』を展開するなど、海外でも高い評価を得ているということです。

今の社長は三代目ということでしたが、会社を衰えさせることなく継続させていき、どう新しい挑戦をしていくのかは、老舗が抱える大きな課題だとおっしゃっていました。恐らく、培ってきた技術をどう活かしていくかに、その課題に対する答はあるのでしょうが、どういう意思で、どんな技術を活かそうとするのか。あるいは、従来の技術をさらに進化させるのか。そのあたりが、企業を存続させていくことができるか否かに、深くかかわってくるのだと思います。

齋藤　技術を尊重しながら、人や生活とのかかわりの中で、技術と真剣に向き合い、技術を高めていく姿勢が問われるのでしょうね。

黒川　たゆまぬ技術開発を続けていると、新しい発見が出てくるものです。その技術も、精度の高い手仕事の価値を置き去りにせず、技術を追求しながら、量ではなく質を重視して形にすることが大事なのではないでしょうか。

齋藤　技術に向かい合う精神、ものづくりの精神こそが問われる気がしています。貝印さんで言えば、「この技術なら、これがうまく切れる」ではなくて「これをうまく切るためには、この技術が必要」と考える。それが、最終的には何かを生んでいく。結局は技術と人のかかわりを追求するところから、新しいものが生まれてくると思うのです。

◇日本人は手で考える

齋藤　デュマさんは、よく「日本人は手で考える」と言っていました。頭で考えるのではなく、手で考えることこそがものづくりだと。手で考えるということは、技術を守りつつ、新しいものを作っていくことだと思うのです。日本人は、それを突き詰めるのが、割合、うまいのではないでしょうか。

世の中全体は、どうしても頭で考える傾向にあります。しかし、だからこそ一方で、手で考えることの重要性が増している。日本人は、良いものを目にした時、必ず手で触れてみますよね。たとえば、「このテーブルは、ここがいいんだよ」と言いながら、自然とへりの部分を手で撫でていたりする（実際にしてみる）。

黒川　ふーん。

齋藤　手で考えるとは、そういうことから始まるのかもしれません。

黒川　確かに、よく手を使いますね（笑）。

◇技術をオープンにする必要性

黒川　技術者とは、世界共通な面もありますが、良い意味で違うと教えてくれた国がフランスでした。ある時フランスで、冷菓部門でＭＯＦ（Meilleur Ouvrier de France、フランス国家最優秀職人。職人大国ならではの、フランス文化の伝統的な知識を継承し、優れた技術を持つ職人に授与される称号。日本の「人間国宝」のような存在だ。三年に一度、大統領の名のもとコンクールにより選定されるが、飲食を含めて多様な一八〇の分野から数名しか選ばれない。国籍を問わずに授与され、日本人では辻静雄をはじめ四人が受賞している）の称号を持つ方から、「業界発展や若手育成のために、我々は寛大でなくてはならない。伝え、守るべきものは文化や誇りであって、技術はオープンにするものだ」という言葉を聞いたのです。

日本では、どちらかというと、自分の技術は他人に教えないものとされていて、「見て盗め」的な風習が続いてきたように思います。しかしそれは、決して悪いことではない。「見て盗め」という精神の中には、自分で作り出した誇りも込められている。それも技術者にとって、大切なことと思うのです。

ただ、技術情報を囲ってしまったら、社会全体の進歩はない。フランスで耳にした「オープンにしていく姿勢」は、とても素晴らしいと感じました。

それも、「聞かれたら答える」という程度の「オープン」ではいけません。こちらから発信していくぐらいの「オープン」が必要だと思うのです。自分が持っている技術を、進んで誰かに教え、伝えていく。それくらいの思い切りが必要になります。

齋藤　フランス料理の職人の世界はすごいですよ。ぼくは若い頃、フランスの地方のレストランの厨房を覗いたことがあるのですが、あれには驚きました。怒鳴りつけるわ、フライパンは飛ぶわで、まさに丁稚奉公。日本の割烹とまったく同じなのです。「職人の世界は、やっぱりこうなんだ」と思っていたのですが、エルメスに入ったら全然違っていました。

黒川　丁稚奉公ではなかったのですか。

齋藤　次世代に技術を伝えていく「伝授」ということが、職人の大事な仕事のひとつと位置づけられていたのです。

黒川　弊社はそこまで進んでいないですね。昔は、個人で持っていたレシピがあって、オープンではなかったのです。年上の職人から聞いた話ですが、「こうやって作るんだ」と教えてもらい、作ってみたら上手くいかない。それで、教えてくれた先輩のやり方を見ていたら、違う方法で作っている。自分には、違うことを教えていたというのです。今の時代より、もっと一人一人が生き抜くために競争意識があったということでしょう。

今の虎屋では、「オープンに教える」制度を整えて、誰でもアプローチできる方向で進めています。

齋藤　良いことですね。
黒川　職人のための学校や制度は、もっとあっていいはずです。内部で閉じてしまいがちなものを、外に向かって広げていく方が大切ですから。
たとえば、全国和菓子協会で「選・和菓子職」という認定制度を設けました。これは、伝統的な技術、高度な製造技術を、協会がきちんと評価して認定しようというものです。今年で八回を数え、これまでに一一九名の職人が、優秀和菓子職に認定されました。
老いも若きも関係なく、全国から応募者を受け容れ、審査員の目の前で与えられたテーマの和菓子を作る、あくまで個人の実力を評価する認定制度にしているのです。だから、中には五回目の挑戦で受かった六〇代の職人という方もおられますし、弊社でも、先輩と後輩が受けて、後輩の方が先に受かったなんてこともあるくらいです。他の認定制度を見ていると、時々、審査基準が見えないものや、年功序列的に選ばれているものがあるように感じるのですが、これに関しては、全てがフラットでクリアなのです。
齋藤　職人としての実力に徹する姿勢、大事なことですね。
黒川　実力を審査するため、会社の名前ではなく、個人の名前で申し込んでもらうことにしています。
齋藤　なるほど。認定制度を設けた先には、「技術をオープンにしていくこと」が含まれているのでしょうか。

黒川　合格者の人数が一〇〇人を超えたので、今度はその人たちが中心となって、技術を教える機会を増やしていきたいと考えています。

◇フランスから和菓子を学びに来る人がいる

黒川　虎屋には、フランスのアルザス出身で、和菓子に対する志を持って日本にやってきた女性がいます。アルザスの料理学校を出て、しばらくレストランで働いていたのですが、ある時、和菓子のイベントで工芸菓子を目にしてその美しさに心を奪われ、「私はこれを作りたい！」と日本に来たというのです。私の秘書が彼女と知り合って、いろいろやりとりしているうちに、「虎屋に入りたい」ということになりまして、今は製造部門に携わっています。

齋藤　志を受け止められたわけですね。

黒川　入ってまだ一年ほどなのですが、楽しんでやっているようです。

齋藤　すごいですね。いいお話です。

黒川　日本語も随分と上達しました。どうしてあんなにできるのか不思議なくらい（笑）。将来は、フランスで和菓子の店を持ちたいそうです。

齋藤　それくらい元気な方がいい。そうやって和菓子が、どんどん世界に広がっていくといいですね。

日本料理の世界でも、京都の割烹の調理場に、外国人が入り始めたと聞いています。こういうことは、日本の料理界にとって、あるいは和菓子界にとってもいい傾向ですね。外国人に教えるとなると、日本人に教えるのとは、また違うはず。職人の世界では、とかく教えてもらう方が先輩に質問をすると、「つべこべ言わずにやってみなさい」というけれど、外国人が相手となってくると、そうはいかない。

黒川　日本人相手だと「わかるだろう」で省略してしまう部分も、外国人を相手にすると、意味を考えて丁寧に伝えようとしますね。弊社では、二〇〇〇年からフランスの経済商科大学院大学の研修生を毎年迎え入れていますし、一九八四年にカンボジア難民の夫婦を受け入れ、今も働いてもらっています。外国に対して、常にオープンな会社でありたいと考えています。

齋藤　そうですね。簡単なことではないでしょうが、それもまたチャレンジですね。日本人の職人さんたちにとっても刺激になることは間違いありません。

これは、閉鎖的な職人の世界が、次のステップにいくチャンスではないでしょうか。グローバルな世界の中で、職人が閉じこもっていてもしようがない。伝統的な産業の部分で、もう一度日本が世界の舞台に出ていく通過点のように、ぼくは感じているのです。文化的な違いを超えて、技術をオープンにしていく転換期だと思います。

黒川　そう言えば以前、日系ブラジル人の女性が日本に来て、自分のルーツは日本だから和菓子を習いたいと言ってきたこともありました。

齋藤　それはまた、面白いお話ですね。

黒川　虎屋に来る前に他の和菓子屋さんでも習ったそうなのですが、そことは作り方が違っためた「饅頭を作る時、どうして虎屋ではこうするのか」と聞いたところ、「自分もこう教わったから、それでいいのだ」と言われたと。聞き返しても納得できる答えは返ってこなかったというのです。

齋藤　古い風習を、思い切って変えていく必要があるのでしょう。

黒川　「昔からこうなのだ」、「言われた通りにできればいい」というのは、論理的ではないし、そこから何かが生まれるわけではない。私自身は「言われた通りに」という時代に育ってきましたし、そう教えられてもきました。でも、時代はどんどん変わっているのですから、やはり、変わっていかなければいけませんね。

◇若い人には「やらせる」

黒川　受け継がれてきたことにはそれなりに意味があるとも思うのですが、若い人は、納得いかなければ反発することもあります。それが、若い人のいいところだし、そうでなければならないと思います。

「若い人は、やらせてみればやれる」。これは、昔も今も変わらないことだと思います。信用せずに「できないからやらせない」と判断するのが一番いけない。失敗することだってもちろんあるでしょうが、それは若い人でなくともあること。私のような年長者は、若い人たちにどうチャンスを与えるかに気を遣わなければいけないと思います。

昔の方が、自らチャンスをつかまえようとするやる気がもしかすると少し強かったかもしれませんが、チャンスを与えるきっかけ作りはしていかないと。これは、本田宗一郎さんに教えていただいたことでもあります。

齋藤　良いお話ですね。

黒川　たとえば、弊社の製造部門に、説明しながら和菓子を実演で作ってもらえないかという依頼が時々あるのですが、「間違ったことを言ってはいけないし、実演で失敗したらいけない」ということから、以前は熟練の職人を行かせることが多かったのです。

それをある時、入社一〇年目くらいの女性に、思い切ってやらせてみたのです。そうしたら、そのために作る練習をしたり、原材料について深く調べたり、実演中のトーク原稿もきっちり準備している。与えられたチャンスに向かってきてくれると、こちらも嬉しくなるものです。

そして、「人前で話すのは苦手で緊張するし、やりたくない」と言っていたのが、実際やってみると、「あそこで失敗したから、次はこうやりたい」と、良い意味の自信と欲が湧いて、着実に成長しているのです。

今、彼女は、お客様のご要望に合わせてオーダーメイドで菓子を作る「和菓子オートクチュール」を担当していますが、よく勉強しているようです。「街を歩いていると、何でも目に入るものがヒントになるから、もう普通に歩けなくなってきた」というのです。

好奇心旺盛なので、刀を打っている友人の本を見せたところ、興味を持った様子だったので、会う機会を作りました。そしたらまた、えらく刺激を受けたらしい。若いうちに受けたそういう刺激は、必ず力になっていくと思うのです。きっかけは、どんどん与えたいと考えています。

先ほどここをご案内した男性も、先日、一〇〇人ほどの前で、葛菓子作りを実演したそうです。葛は、あの独特の透明感に仕上げるための技術とタイミングの見極めが非常に重要なので、人前で話しながら作るのはそう簡単ではなかったと思います。入って十数年なので随分と緊張したと思いますが、「うまくいきました」と言っていたから、それなりにできたのでしょう（笑）。

齋藤　そういうことが重なっていくと、良い自信になりますね。

黒川　ここ「とらや工房」にいると、そういった機会が割合と多いので、うまく自信をつけてほしいと思います。いつもお客様に見られている場ですから、緊張もするでしょうが、それも含めていいことだと思っています。

ところで、先ほど人形焼の製作現場をご覧いただきましたが、人形焼は今まで扱ったことのない商品でした。でも、「みんな大好物だからやれやれ」とけしかけたら始まった。相当な時間をかけて勉強して回り、試行錯誤を重ねたようです。

齋藤　浅草に行って人形焼のお店を視察して回り、ストップウォッチを持って、時間まで測って研究されたとか。真剣に、でも楽しみながら挑戦している様子が、じんじん伝わってきました（笑）。

黒川　何でも簡単にできるなんて思ったら大間違いだし、そのぐらいは自分で切り開いてほしいですね。本気でやっている人を見つけて、その本気から学んでもらいたいと思います。

◇与えられたきっかけをこなしてみる

黒川　私自身、何かに挑戦してみるというきっかけを、多くの方から与えられてきたという思いがあります。

三〇歳の頃、日本青年会議所で委員長をやっていたのですが、二五周年ということで、NHKホールを借りて式典を行ったのです。演出を担当していただいたのが劇団四季で、本格的なものでした。それで、「委員長なのだから司会をやってください」ということになり、随分と焦りました（笑）。宮島春彦さんという有名な演出家の方から、「黒川さん、司会は舞台上でやってください」と言われて。

齋藤　それは、大変なお役目でしたね。

黒川　委員長だから、役目としてやらなければいけないと覚悟はしていたのですが、大勢の前で足が震えると恥ずかしいので、演台を置いてくださいとお願いしたところ、「演台は絵にならないから、マイク一本でやってください」となってしまった。しかも、台本を作ってくれたのはいいのですが、数日前に渡されたのに「暗記してください」と言われ、ますます緊張です。二時間程度の式典の台本を徹夜で暗記しました。

ところが、前日の朝になって、「台本を見てやってもいいですから」と言うじゃないですか（笑）。暗記しろと言われたからやったのにと思いましたが、実はその時点で、怖さがなくなっていたのです。暗記して頭の中に入っているから、見るか見ないかはどうでもいいと。そして、「こういうことか」と思いました。徹底的に練習しておけば、そうそう上がることはないと身を以て学びました。

齋藤　それで、本番はどうだったのですか。

黒川　上がることもなく、無事、役目を務めることができました。この経験で、随分と鍛えられたと思います。「暗記してください」と追い込まれ、「暗記してがんばろう」と決心したことで、自分の中で覚悟ができたのかもしれません。

もし最初から「台本を見ていい」と言われていたら、中途半端な練習になってしまい、逆にトチっていたかもしれません。自分ができる最大の準備をしたので、少しだけ余裕をもってできたと思います。

スポーツでも何でも同じことで、上がると言うのは、練習不足なのかと。とことん練習していれば、失敗はあったにしても、上がったという感覚に陥らないのかもしれません。とことん練習する、技術を習得するという教訓は、この経験から来ています。

◇「やっちゃっていた」経験が土台になる

齋藤　今のお話を聞いていて、私も、その時々で出会った人に、さまざまな挑戦をさせてもらい、チャンスを与えてもらってきたと感じました。そうやって与えられた仕事の場合は、ゴールが、その相手をどこまで満足させるかにあったので、とにかくゴールに向かって何でもやっていました。ですから失敗もあったと思うのですが、できなくて苦しんだという記憶はあまりないのです。そう言えば、緊張するという経験もあまりないですね（笑）。

黒川　一番最初に、与えられて挑戦した経験は、いったいどんなことですか。

齋藤　そうですね。小さい頃から「先生に褒められたから嬉しい。だからもっとやろう」というような単純な子供でした。

それが高校生の時に、急な代役が回ってきて、一〇〇人くらいのフランス人を連れて、国内旅行の添乗員をやったのです（笑）。一〇〇人を地下鉄に乗せ、新幹線に乗せ、関西方面まで連れていった。いわゆるツアーコンダクターみたいなことを、素人ながらやってしまいまして。ただ、大変な役目を任されたという自覚もなく、むしろ面白がってやっていたので、今も良い思い出ですね。もちろん、困ったことがなかったわけではない。それも含め、やってみることが楽しかったのでしょう。

それで、高校卒業後は、いきなり海外に行ってしまった。

黒川　語学を勉強した上で行かれたのですか？

齋藤　一応、勉強はしていきましたが、そう大したレベルでもないのに行っちゃったのです。もちろん、現地のことは知らないも同然。わからないことは聞かないといけないのですが、言葉が不自由だから、通じない言葉を何とか通じさせなければいけない。大変と言えば大変でしたが、そんなことを言っていられないので、とにかく何とかしたという感じです。

ぼやきも愚痴も、誰も聞いてくれませんから、自分に言うしかなかった。フランスでやっていくということ自体、自分で決めて実行したことなので、少しばかり困ったからといって、むざむざ帰れないという意地もありました。何とか自分で道を切り開かなくてはという覚悟が後押ししたのか、自ずと度胸がついていったのかもしれません（笑）。

そして、大学に通いながら、パリの「三越トラベル」でアルバイトをするようになり、随分と仕事を任されるようになったのです。

社会へ出ると、「これは正しいか正しくないか」、「ちゃんとやれているかどうか」は自分で判断しなくてはいけない。それは案外と厳しいし、難しいことでもありました。

ただ高校卒業後、いきなりフランスに行ってしまい、いわゆる社会のしきたりも学ばずに社会に出てしまったという思いもあり、先輩の言うことは大事だと思っていましたね。

若いだけに、社会に反発してはいましたが、先輩の言うことに対して、謙虚に素直に接していたのだと思います。

黒川　鍛えられましたね。

齋藤　そもそもが能天気なので、自分の失敗に気づかないことがあったのかもしれませんが（笑）。

失敗に関して言えば、自分が決めたことについて、やろうとしてうまくいかない場合はやり直す。これが習い性のようになっていますね。しかもそれが、嫌なことでも辛いことでもないのです。

一方で、やり直すことに意味があるのかと自問自答してしまう。頑張る価値のないことをやってしまったと後悔することもあります。これだと思い込んだら最後まで行ってしまうタイプなので、いい場合と悪い場合があるかもしれません。

黒川　お話をうかがいながら、そこまで自分を追い込んで仕事をしてきたか、自問自答しています（笑）。

齋藤　基本的に、前のめりなんです。同じことをやっていると飽きてしまって、「次はこういうことをやりたい」と思ったことをどんどんやってきたし、そういう環境を与えてもらってきた。だから、自分が発想したことをまずやってみる。何かしら成果が出たら次へ行く、それができたらまた次へ行く。ひたすら前に進んでいくことに集中して、過去にあまり興味がないのです。失敗して落ち込むことも、たまにはありますが、次の新しいことが出てくると、そちらに気持ちが集中していくので、忘れてしまうのかもしれません。

黒川　前へ前へと進んでいくことは、やはり大事ですよね。私も「ああ、終わった」と、一瞬だけ感じることはあるのですが、またすぐ次の課題が目の前に現れるので、これで終わりとか、やり終えたという達成感はあまりないのです。

たとえばトラヤカフェを開いた時も、未知なることへの挑戦ですから、始まるまでは不安に駆られたものですが、オープンした段階でそういう迷いはなくなっていて、「次は何をやるか」へ移っていく。「その次、その次」と、発想がどんどん出てくるのです。それは、新商品のこともあれば、新しい店のこともある。もちろん、オープンさせたトラヤカフェの次なるステップも考えなければいけない。あるいは、会社の制度や組織のこともある。もう本当に、次々とやりたいこと、やるべきことが出てきてしまって、ほっとしている暇なんてないですね。

齋藤　ぼくも会社に行って「昨日、こういうことがあって」といろいろ話をするのですが、毎日毎日、何か発想が湧いてくる。そうすると、どんどん楽しくなってきて、次は何をするかということになります。

黒川　こうやって齋藤さんと話していると、共通するところが多いことに、改めて驚かされます。そして、私たちは楽天的なのかなとも思ってしまう（笑）。

でも、様々な過去があって今にいたっている。齋藤さん同様、私も、いろいろな意味で恵まれてきたと思います。だからこそ、周りにお返ししなくてはとつくづく感じるのです。

◇「最近の若い人は」と言う人の問題点

齋藤　日本は、どちらが先輩でどちらが後輩かということを、とても気にすると思います。「若い人はこうだ」という言い方は、フランスでもないことはないのですが、日本に比べると、圧倒的に少ない。そう思うと、年齢の高い人を尊重する考え方は、儒教に根ざしているのでしょうか。日本は、企業の中でも「若手だから」、「若い人はこうだ」という風に、「若い」を断定的に使うことが多いようで、人の価値観というものを、年代や世代でまとめてしまう傾向が強い。まあ、この対談でも言及していることなので、今さらという話でもありますが（笑）。

フランスは、人の価値観を年代や世代でくくることは、ほとんどしませんね。大人になったら皆同じという感覚を持っているのです。

黒川　大人になったら誰もが平等なわけですね。

齋藤　そうです。誰をも平等に、個人対個人として扱う。だから、若者が自分の意見を言うのは普通のこと。そこで「若いから黙っていろ」なんて言ったら大変なことになる。

日本にいると、「今の若者のことをどうとらえていますか」とよく聞かれるのですが、年齢でひとくくりにする行為自体が、とても日本的だと思います。

どうしてそうなのかと考えてみると、日本の場合、組織の上の立場の人が、現状で常識とされているロジックだけで話しているからではないでしょうか。だから、若い人が言うことに対して「君は会社のことをわかっていない」とくる。今ある組織が絶対に正しいし、変える必要がないということを前提にして、若い人の意見を全否定しているのです。

フランスでも、技術者や職人さんに対して「君はまだ若いから」と言ったり、何かミスをした時に「彼はまだ若い」と言うことはあります。つまり「未熟」という意味で使うのです。でも、若い人の意見をはなから否定して、「彼は若いから」とは絶対に言いませんね。

若い世代の人たちが、組織の中核を担っているシリコンバレーへ行くと、私たちの年齢の者は圧倒されてしまいます。まったく新しい組織を、彼らはどんどん作っているわけです。そこでは「君は会社のことをわかっていない」という発言そのものに、ほとんど意味がないのです。

そして、物事をそちらから見てみると、既存の枠組みの中でできあがった常識的な「組織のロジック」は、むしろ未熟と言える。新しい枠組みの中で作ってきた柔軟なロジックが、これからの世の中を拓いていくわけですから。

黒川　よくわかります。

齋藤　つまり、若いか年寄りかという実年齢の問題ではなく、既成の組織や概念にとらわれているか、とらわれていないかだと思うのです。年をとっていくと、知らず知らずのうちに、既成概念の中に組み込まれていく。もっと言えば、概念を勝手に作って、それを守ろうとしてしまうのかもしれません。

黒川　確かに、既成概念を是としているから「今の若い人はわかっていない」という発言は出てくる。いや、私も反省しないと。

齋藤　ぼくもそう思います。年長者は、若い人の発想をどんどん受け入れられる柔軟性を持っていなければいけない。若者が何か言った時、守りに入って「君は未熟だから」と攻撃しないように気をつけないと。もっともっと柔軟になっていく必要がありますね。

黒川　フランスでも、日本と同じような上下関係があるのでしょうか。

齋藤　もちろん、役職による上下関係はあります。しかも、その上下の差は、もしかすると日本より大きいかもしれません。でも、それが人格に及ぶことが、まったくないのです。つまり、役職と人格は別々。日本の場合、役職と人格を一緒にしてしまうことが多いのではないでしょうか。

◇若者のエネルギーをどこかで活かす

黒川　若者のエネルギーをどう活かしていくかは、日本が抱えている課題のひとつではないかと思います。

齋藤　日本の社会は、若者のエネルギーをうまく取り込めていないと思います。その理由のひとつは、自分のやりたいことが、仕事で実現できないことにあるのでは？　自分のやりたいことは、今、勤めている会社でやっている仕事と違うところにある。個人の趣味は別と、クールに割り切っている人もいるようです。

でも、自分のやりたいことと、会社がやらせてくれることが一致しているに越したことはない。ということは、若者はやりたいと思っていることを、もっとぶつけていっていいし、上司は若手の意見や提案に対して、もっと耳を傾け、実現できるようにしてもいいはず。そうでないと、彼らのエネルギーがもったいない。

日本の若者の話を聞いていると、「次は、こういうものを買ったり、こういうお店に行きたい、こういう旅行をしたい」と、いわゆる消費に関する話題が多いように感じます。

黒川　フランスの若者はどうですか？

齋藤　あまりそういう話はしませんね。大人と同じく、自分は何が好きとか嫌いとか、将来の家族をどうしようとか。消費というより、生活について話すことが多いような。

フランスでは、一五、一六歳の子供に「将来何をやりたい？」と聞くと「家庭を持って……」と答えるのが普通です。ところが日本ではどうでしょう。「家庭を持って、子供を産んで……」という言葉が出てくる人は、そういないのではないでしょうか。

家庭を持つためにいい仕事に就くという考えは、ごく当たり前のことだと思います。ところが日本では、家庭生活を犠牲にすることで、会社員として出世するという考えが、高度成長時代にできあがっていった。家庭はいつの間にか、そういうお父さん＝会社員を支える後方支援部隊のような位置づけになってしまったのです。若者たちは、そういう家庭で生まれ育ってきた。だから、家庭生活が大事、あるいは豊かという概念を持つことができないのだと思います。

黒川　家庭ありきで会社で働く。私も頭ではそう思っています。しかし自分が実践しているかと言われると、まったく自信をもって答えられないのですが。

齋藤　先日、ディズニーランドをリニューアルして大きくするという記事を読みましたが、日本のディズニーランドは、本家本元のカリフォルニアより儲かっていて、売上も利益も前年比アップが続いているそうです。大人でも、年に一回は必ず行くことにしている、あるいは、新しいアトラクションができたら必ず行くことにしている、そういったファンが少なくないというから、日本人はアメリカ人よりディズニーランド好きと言っていいのかもしれません。

フランス人がこれを聞いたら驚くと思います。フランス人にとって、ディズニーランドは、子供を連れていって遊ばせる場所以外の何ものでもない。フランスのディズニーランドは大赤字で、本社が何千億円かを投入して何とか盛り返そうとしています。

おとといだったか、東京駅のカフェに、若い女性がミッキーマウスの格好をして、二人で入ってきたのです。この日本人のノリ自体、ぼくは決して嫌いじゃないのですが、はたして日本人にとって、そこまでディズニーランドは大事な存在なのか。そもそも、日本人が楽しいこととは何なのかについて、考えてしまいました。

黒川　既存のものを楽しむだけで、自分で考えて楽しむということを、確かにやっていないなぁ。

齋藤　そうなんです。つまり、ディズニーランドに行かないと楽しめない、そういう人が一定数いるのだとしたら、社会は、それ以上の場を若者に与えていないということです。

黒川　最近のハロウィン騒ぎでも、あのエネルギーを他に回せないかと思います。ここまで派手になってきたのは、ここ三、四年のことですよね。

齋藤　ハロウィンでも何でも、若者が思いっきり楽しむのはいいことだと思います。でも他に、もっとエネルギーを使う場所があってもいいのでは。東京駅でミッキーマウスの格好をしていた、あの二人のエネルギーが、他のことに注がれたら、もっと日本も面白くなっていく。そういった若者のエネルギーを、社会や企業は、うまく活かせると面白いですよね。

黒川　社内でも、若い人の柔軟な発想を活かすには、どうしたらいいかとよく考えます。たとえば、入社して一、二年は意欲があるのですが、数年経つうちに、新しい提案をしても、「うちの会社じゃ無理だ」と部長に言われ、徐々にやる気がなくなってくる。ところが、部長を飛びこえて上に言うと「思い切ってやってみなさい」と言われる。そういった事例が結構あるのです。そのあたりの組織の橋渡しをうまくやっていくことが、人を活かすことにつながっていくと思います。

齋藤　それは、大半の企業が抱えている大きな問題のひとつです。

黒川　上位者が率先して、下の者にやらせてみる。そういう風土ができていかないと変わっていかないと思います。しかし、これがそう簡単ではない。なかなか難しいことです。

◇勘で判断することが大事

黒川　今現在は価値があると思うものが、一年先には、どれだけ価値があるかわからない。そうなると、変えていけないものは、何もないように思うのです。「ここは変えてはいけない」と思うものでも、日々、変わっている気がします。

絶対に「変えてはいけない」のは、「最善を尽くして作ったもので、お客様に喜んでいただく」といった精神的な部分だと思います。これは、虎屋の仕事の根底に、どっしりとあること。「変えてはいけない」というより、「忘れてはならない」ことだと思っています。

また、変える変えないの判断については、熟慮したから正しい結論が出るということではなく、ひらめきで決めることも大事だと思います。

「これだ」と瞬間的な判断をして、間違っていないことは、意外と多いものです。そういう瞬間的なひらめきは、ある程度、根拠となる情報を組み込んでいるので、後から振り返っても正しいことが多いのです。

齋藤　それはありますね。直感とは、その人の経験、考え方、論理、常識などを、一瞬のうちに総動員した結果だと思うのです。

世界を動かすような歴史上の判断も、直感でくだされてきたのではないですかね。もちろん、その背景には、とてつもないスケールの経験や見識が、後ろ盾として存在するわけですが。

黒川　そうかもしれません。直感的な判断をくだす時、それが正しいのかどうかは、正直言ってわかっているわけではないのです。たとえば、新商品を出すにあたって、本当に売れるという確信が一〇〇パーセントあるわけではない。

ただ、齋藤さんもおっしゃるように、過去から積み重ねてきた経験や見識を後ろ盾に、

「えいっ」とくだした判断には、それなりに意味があると思うのです。

齋藤　ぼくも自分の経験に照らして、そう思います。

黒川　社長として判断をくだすことは、日々の仕事の中で山のようにあります。だからこそ、勘を働かせ、変えることはどんどん変えていくようにしてきました。

齋藤　その時に、どうやったら勘が磨けるかなんて、ノウハウ化できるものではないのです。日本人はノウハウものが好きだから、「こうやったらいい」みたいな本を山のように見かけますが、判断すべきことの条件や環境は、すべて異なるわけですから、そういったことをひとくくりにしてノウハウ化するのは、実は無理です。

◇会社の存続の目的

齋藤　判断にあたっての基準は、すべて直感にあると思うのです。黒川さんは、社長というお立場が、会社そのものを体現している。先代から会社を引き継ぎ、次代に渡していかなくてはいけない。そこを前提とした判断をなさっているのだと思います。

会社の究極の目的というのは、きちんと存続させ、次の世代に渡していくことにあります。そういった遠く長い視点を持ちながら、ひとつひとつ判断なさるわけですから、そうと意識していなくても、会社の出自や歴史を踏まえ、本質的な方向を見据えて判断されている。だから、直感で決めたことがブレないのだと思います。

黒川　常に根本に立ち返らないといけないと、戒めています。

齋藤　たとえば「競合他社がこうしたからこちらもやらなくてはいけない」という考え、ぼくは必要がないと考えているのです。そうではなくて、自分は本当に何をやりたいのかを考えて指針を出す。つまり、会社の存続の目的は、競合他社に勝つことにあるのではなく、自分の道をいかに究めていくかに尽きる。ぼく自身、そういった考えのもと、エルメスという企業とかかわってきましたし、経営者としての判断も、そういった考えに基づいて行ってきたつもりです。

ぼくが社長になる前のエルメスジャポンは、「これはこういう決まり事だから」となっていたことが多かったのです。でも、そういったことの大半は、エルメスという企業が拠って立つ地点とかけ離れていたので、ひとつひとつ見つめ直し、判断していったのです。

黒川　たとえば、どのようなことを？

齋藤　当時日本の大半の企業では、年賀状は官製はがきで出すことが決まり事になっていましたが、年賀状とは本来、どういうものかについて考え直したのです。

そもそも年賀状とは「今年もよろしくお願いします」という気持ちを、一枚の挨拶状に託したものです。それが定形の官製はがきという形式に取って代わったのは、量を捌くため郵便局が規格化して、省力化と効率性を優先させた結果らしいのです。そういう経緯を見直し、改めて原点に立ち戻って、年賀の気持ちをきちんと伝えるようにした方がいい。

それではがきを止め、改めて手紙文をしたため、社長であるぼくが、一枚一枚、署名して送るようにしました。

黒川　本来のところに立ち戻って、何のために行うのかを考えるのは、とても大事なことです。その意味では、会社というものが存在している意味も、本来のところに戻ってみることが重要ですね。

齋藤　あらゆる企業が、その企業を何のために立ち上げたのか、という地点に立ち戻ってみた方がいいと思います。この会社は、何を目的として作られたのか。老舗企業は常に、そこに立ち戻りながら、長い期間をベースに考えてきた。だからこそ、長きにわたって続いてきたのだと思います。

もちろん一方で、一〇〇年も続いた有名老舗企業が、アメリカでＭＢＡを取ったような人にあっけなく経営権を渡してしまうこともあります。経営の技術という点で言えば、それで遜色《そんしょく》はないのでしょう。ただその人が、一〇〇年前と同様の思いを持って、企業文化を伝え続け、実践していけるかどうかは別問題だと思います。

ＭＢＡ方式に任せれば、株価は一時的に上がるかもしれませんが、その企業が、社会と本来のつながりを持ちながら、続けていけるかどうかに、大きな疑問が残ります。

「うちの企業は、本来こういう目的でものを作り、こういう言葉を大事にしています」という態度と、四半期決算の中で株主に約束していくことの間に矛盾が起こった時、経営者はどう行動するのか。そこが問われてくるのではないでしょうか。

そもそも、老舗企業は上場していないところが多いですね。上場すると、四半期ごとに株主を満足させなくてはいけませんし、それを恒常的に続けていくことを要求される。そこに家族で代々引き継いでいく企業姿勢と、相矛盾するところが出てくるのだと思います。だから、一度上場してしまうと、そこをどう解決するかが突きつけられてくると思うのです。

黒川　何のために自分の企業があるのかという問いかけに対する答は、常に明確にしておく必要があると思います。どんな思いで、どういう価値基準を持って、この会社があるのか。それは歴史の長短に関係なく、とても重要なことです。

経営者の大半は、自分の思いを、どう社員一人一人に伝えられるか、その人たちを本気にさせられるか、そこを考えているはずです。そこにこそ、経営者の役割があると言っても過言ではない。

そのためには、齋藤さんが言われたように、常に立ち返ってみればいい。「周りがこうやっているから、うちもやる」と、同じ視点で価値を出すのではなく、「周りがやっていなくても、うちはこれでいく」という矜持《きょうじ》を持つ。そこを貫いたところに、お客様をはじめ、周囲の方々が、その企業の存在意義や価値を認めてくださると思うのです。

しかし、「何のためにこの会社はあるのか」は、経営者に限らず、一人一人が考えてみるべきことでしょう。

齋藤　経営陣だけでなく、社員一人一人にも、そういうことを追究していって欲しいですね。

◇みんなの前で怒る

齋藤　黒川さんは、社長として「こうして欲しい」ということを、どこまで社員に伝えていますか？

黒川　言い過ぎると、その人の幅を狭めてしまいますから、難しいところです。「やってもらいたい」と強く言う時もあれば、あまり言わない時もあります。状況によって随分と違ってくる。いい加減かもしれませんが、その場その場の判断です。

齋藤　重要度にもよりますね。

黒川　私の場合、褒めて叱ってのバランスを考えるのではなく、その時の状況に基づいて、褒めることもあれば、叱ることもある。

齋藤　大変な社長さんだ（笑）。

黒川　たとえば世の中では、子供に対して、母親が叱るなら、父親が少し助けないとバランスが取れない、両親が一遍に怒るのはいかがなものか、という考え方もあるようですが、私はそう思わない。いけないことはいけないのだから、母親が叱っているなら、親父だって同じように叱っていい。二人で叱ればいいと思うのです。

会社でも同じことで、「人の見ている前で叱るな」、「本当に叱るなら、別室に呼んで叱れ」と言う人もいますが、私はそんなことはないと思います。間違っている場合は、その場で叱った方がいい。「社長は、こういうことを良しとしない」と、周囲にわかってもらうことも大事だと思うのです。社員を別室に呼び出して叱りつけておいて、出てきたらにこにこしているなんて、そんなの嫌ですから。

褒める時も……あれ、どうでしょう（笑）。一応「凄いな」と褒めることはあります。ただ、大げさにやることはありません。その代わり、心から言う。褒める時も叱る時も、ありのままにということです。

齋藤　日本の会社の場合、あまり褒めることをしませんね。エルメスの場合は、「いい仕事だね」、「よくやったね」、「頑張っているね」と、とにかく褒めるのです。それも、仕事の一環としてというより、いい意味での社交なのです。

フランスでは、人と会話をする際、相手のことを、丁寧に褒めます。言ってみれば、フランスにおける社交術のひとつが、褒めることなのです。これは国民性というか、フランス人としての礼儀のひとつという話です。上司に言われて何かをやっていくと、必ず「ありがとう」と言ってくれますし、社長に対して社員が何かすると、「助かった」と、必ず感謝の気持ちを伝えてくれます。

フランスの場合、考え方の根本に、相手の存在を認める姿勢があるので、与えられた仕事に対する責任は、組織というより個人が持つことになります。日本のように、部署にではなく、個人に仕事が下りてくる。たとえば、部長に下りてきた仕事が、課長に下りてきて、その下の社員それぞれが分担して遂行していく。それに対して、個人が厳しい責任を負ってやらなければならないということです。

ただ、結果がダメだからといって、猛烈に怒られるとか、降格になるというわけではないのですが（笑）。やったかやらないか、できたかできないかは問われる。そういう厳しさはあります。

◇幸せに働くために何が必要か

黒川　日本も私も、全体的に褒めることが少ないですね。会社に限らず家庭においても、あまり褒めないなあ。もっと褒めなければね。一方、失敗に対しても、うやむやで終わりにしてしまうことが多い。曖昧でいいことも、たまにはあるかもしれませんが、そのあたりも変えていかないとダメでしょう。

齋藤　妥協してはいけないことは妥協しないという姿勢を、上の人が明快に示すことが大切だと思います。「良しとする」か「ダメとする」かをはっきりさせないといけない。日本では「ここまで頑張ったから良しとしないと」と、曖昧な評価で終わってしまうこともありますから。

黒川　「まあいいか」となりがちです。

齋藤　たとえば、ある期間をかけてやってきたプロジェクトだと、結果が芳しくなくても、やり直しとはなりませんよね。これがフランスの場合は、「ダメだからやり直し」となる。ごく普通に行われることです。しかも、結果が出なかったことを前提にやり直すわけですから、なぜダメだったのかを検証して改善策を見出さなければならない。だから、物事は、確実に改善する方向に向かうわけです。

それが、日本式で曖昧なままにしてしまったら、なかなか進歩していかない。物事は進んでいかない。この差は、意外と大きいと思います。

ただ、習慣を変えるのは、上から無理強いしてできるものでもない。その土台には、人間関係がどんと横たわっていて、日本人はそこを大切にする文化を持っているので、そこから見直さなければならないのです。だから本来であれば時間をかけたいところですが、時代の変化のスピードが早くなっているのですから、悠長なことは言っていられません。生き残っていくには、今までのやり方を大きく変えないといけないと思うのです。日本がこのまま変わらずに行くと、みんなで苦労して、みんなでつまらなくなってしまう気もします。

黒川　できれば、日本人として幸せに働いていきたいし、そういう環境を整えたいと思います。

齋藤　そうですね。それは十分可能だと思います。それも、欧米の模倣をするのではなく、日本人ならではのやり方があるのではないでしょうか。

今、先進国と呼ばれている国の中で、西洋文明ではない国は日本だけ。韓国や中国も、先進国に入りかけてはいるものの、ある種の成功を収めてきた先駆者的存在として、日本が果たす役割は大きいと思うのです。

ただ、今までの成功を支えてきたのは、軍隊的な組織のあり方と、真面目さ、几帳面さに拠るところが大きいと思います。日本人は、欧米が作り上げ、必要としているものを、きちんと供給し続けてきた。その点、実に真面目に対応してきたわけで、これが成功の原動力になっていた。一方でこれからは、欧米が作ってこなかったものを作っていく必要もあるのですが。

黒川　まさに正念場ですね。

齋藤　高校を卒業してフランスに渡り、六年経って帰国した時のことです。東京に一週間ほど滞在してからパリにもどったのですが、帰りの飛行機が成田から飛び立ち、上空から東京の街を見た瞬間、湧き上がってきたものがありました。飛行機の中から見た東京の光景は、ちょうどガリバーが小人の国を眺めたような気分でもありました（笑）。

ヨーロッパから遥か東の果てに小さな国があって、その首都である東京には、一〇〇〇万人もの人がいて、それがスムーズに機能している。端的に言ってしまうと、日本人のメンタリティーに支えられて、この巨大な都市が動いている。そういった意味で日本は、唯一無二の存在と言っていいのだと思います。

なぜなら、日本という国では、西洋人の考え方とは違う基盤をもとに、社会が動いているからです。だから、西洋人から見ると、物凄く神秘的に映るのです。自分たちとは違うシステムで社会が動いていて、GDPが世界三位で、人が親切で清潔で治安も良い。そんなことが、どうしたら実現できるのだろうと。

黒川　なるほど。そういった点では、日本も捨てたものではない。日本がやれること、やるべきことはまだありますね。

齋藤　いや、たくさんあります。あ、日が陰ってきましたね。

黒川　さっきから向こうを見ていると、日の当たり方がきれいです。紅葉していたところとそうでないところがくっきりと違う。こうやって自然がそばにあると、否が応でも四季の移り変わりを感じる。これも、日本の良さのひとつですね。

齋藤　今日は、場の力を借りて、深い話をリラックスしてできたような気がします。

黒川　最近、私の友人もふらりとここにやってきて、何時間か読書に耽《ふけ》ったとか。

齋藤　私はさっき、「ここは泊まれるのでしょうか」と聞いてしまいました（笑）。

5

長く続いてきた理由、老舗談議

刊行にあたって、再び東京・神楽坂にて

◇嫌なものは身に付けない

齋藤　黒川さんは、若い頃から本当にお洒落ですが、ぼくはファッションの方針みたいなものが、むしろ何もないのです。ファッションは、仕事を通じてやってきたことなので、勉強しながら何とかというのが、正直なところです。だから、自分のファッションのこだわりはどうなのかと問われると、実はちょっと難しい。自分を表現する技術として、使いこなせていない気がしてしまって。

黒川　いやいや。

齋藤　これというこだわりがあるわけではないのですが、気にするとしたら「嫌なものは嫌だ」ということです。

黒川　何でもいいわけではないと、もちろん、お見受けしております（笑）。

齋藤　「嫌なものは嫌だ」は、ファッションに限ったことでもないのです。たとえば、初めて家を建てた時、照明で気に入ったものが、どこを探してもなかったのです。それでどうしたかというと、一〇年間、裸電球で過ごすことになった。欲しいものがないから、見つかるまでは裸電球でいいと。家内から「何とかしてくれ」と言われたのですが、妥協するのが嫌だったのです。ファッションについても、それと同じようなところがあって、嫌なものは着たくない。

黒川　嫌なものというと？

齋藤　そうですね。あまりうまく説明できないのですが、「いいでしょう？」という顔をしているような服、どこか媚《こ》びたところが見える服は嫌ですね。

黒川　主張が強いものということでしょうか？

齋藤　そうですね。ファッションは、主体は着る人なので、服に主張され過ぎては困ってしまう。なるべく邪魔にならない佇まいが必要だと思うのです。それと「これはこうだから」という考えを押し付けるような服も好きになれません。

黒川　たとえば、お寿司屋さんに行って蘊蓄《うんちく》を語る人っていますね。それを服でやられたら、ちょっとたまらない（笑）。

齋藤　そうなのです。難しい蘊蓄や声高な主張はないけれど、本質的なところできちんとしている服というのは、ありそうでないのではないでしょうか。

黒川　最近は、服についての説明が、やたら増えてきた気がしますね。

齋藤　「こうやった」「ああやった」と語るのが流行りなのでしょうか。「普通のもの」がなかなかないのです。「安さ」だけだったり、「格好」だけだったり、「主張」だけだったりで、普通で素晴らしいとなると、そうはない。

黒川　そうですね。

齋藤　ファッションは、人間にとって、また社会にとって、大事な存在であることは確かです。なぜならファッションは、決して服だけのことを指すのではなく、実存というものにかかわってくるものだから。この世代なので、つい「実存」などという言葉を使ってしまいますが、ファッションは社会の中で「自分がいる」ことを表現するひとつの形態だと思っています。

ですから、ぼくにとってのファッションとは、自分と社会との関係にかかわる大事なことであり、軽々しくは話せないという気持ちが働いてしまうのです。

黒川　よくわかります。

◇作っている人の話を聞いておく

齋藤　黒川さんは、ファッションでご自身を表現してこられたので、私とまた違う見方をされているのではと思います。

黒川　小さい頃から、なぜか着るものが好きでした。ただ、ファッションについて自ら語ることにはとても抵抗があって、正直言って照れくさい。人は外見じゃなくて中身だろうと思っているところが、どこかにあるのです。だから、ファッションの話をするのは、決して好きではないです。

ただ、外見ではなく中身と考える一方で、外見で判断されるところがあるのも事実でしょう。例えば、清潔であるかどうかで、人に与える印象はまったく違ってくる。中身が外見に現れて、ということもあります。

齋藤　やはりファッションを通して、その人の価値観や品性が滲《にじ》み出てくると、ぼくも思います。そもそも、黒川さんのファッションに対する目覚めは、どういうところからだったのですか？

黒川　最初は、アイビー・ファッションが日本に入ってきた頃で、くろすとしゆきさん（服飾評論家。黒川氏とは寛仁親王殿下の著書『今ベールを脱ぐジェントルマンの極意』で鼎談を行っている）に「これっきゃない」と感化されたのです。「アイビーの洋服はここが何センチ」、「このボタンじゃなくてはいけない」といったことから教わりました。

虎屋というものづくりの会社で育った影響もあるのでしょうか。ものを作ることに対するポリシーやこだわりがあるものに、どうしても惹かれる傾向があるようで。服についても、作った人の思いを滔々《とうとう》と語ってもらえるようなものが好きです。「このネクタイは何気なく見えてここまでこだわっていた」というような話は、つい聞き入ってしまいます。

齋藤　それは服だけのことではないのでは？

黒川　エルメスさんの「ジョン・ロブ」（紳士用高級靴店。ロンドンでは一八四九年から、パリでは一九〇二年から始めて、一九七六年よりエルメスの傘下に。一足の既製靴に一九〇ものエ程を要する丁寧な靴作りで知られる）で靴を作っていただいたことがあるのですが、職人の方の話に聞き入ってしまいました。

齋藤　お客様がわかってくれるとなると、職人の話は止まらなくなっていきますよね。

黒川　ああいう経験をすると、販売員ではなく、作る人が販売するのは、大切なことだと感じます。お客様は、実は誰もが、作った人の思いを聞いてみたいと思っておられるのではないでしょうか。

齋藤　職人の話をどうお客様に伝えるか、作り手と販売員の距離をどう縮めるかは、永遠の課題だと思います。販売員の果たす役割とは、作り手の魂をお客様に伝え、ものとお客様の出会いを作るプロデューサーとも言えることですから。棚に並んでいるたくさんの商品の中から、どれをお勧めするか。まさに出会いの場を演出するのが、販売員の大切な仕事だと思うのです。

黒川　その通りですね。

齋藤　エルメスでは、職人と販売員の交換研修を行っています。職人に一定期間、お店で販売の仕事をしてもらうわけです。職人たちは、作ったものについての知識を持っていますから、どれだけ気持ちを込めて作ったかを、お客様に伝えることができる。反対に、お客様から「このようなものは作れないか」という発想をもらうこともあります。

一方、販売員には、アトリエへ行って職人の手伝いをしてもらいます。そうすることで、製造過程や職人の思い入れについて、お客様に話せるようになる。込めた思いを聞いた上で買っていただくのと、そうでないのとでは大きな違いがありますから、これは、販売員が果たす大切な役目のひとつでもあります。

思いを込めてものづくりをする職人という仕事と思いを伝える販売員という仕事は、双方とも大事なのですが、互いの視点はつい忘れがちなもの。だから、交換研修を行って、気づいてもらうことを大切にしてきました。

黒川　営業や販売に携わる人と職人の職場を交換するという試みは、弊社も重視してやっています。職人と販売員の仕事がひと続きになっていくことは大事です。

ところで、齋藤さんがファッションを意識し始めた頃、世の中は、どんな流行があったのですか。

齋藤　ヒッピー全盛時代でした。物質的なものに反感があるから、汚い服を着てヒゲを伸ばし、「ファッションなんて興味ない」という思想に基づいたファッションだったのです。

先ほども申し上げたように、ファッションとは、内面の自分と社会との接点と言っていい存在。だから、外から影響を受けるものだし、外に影響を与えることもある。そして自分が社会とどうかかわるか、社会にどう対応するか、それを象徴的に表現するものだと思っています。

黒川　自分から溢れ出す自分ですか。

齋藤　そうですね。ただ、自分自身のことになると、「自分らしい」が未だにわかっていないので、どういう格好をすればいいのか、つかめていないところがあります。かと言って、だれかの真似をするのもつまらない（笑）。難しいところです。

◇男は楽をするとダメになる

齋藤　男性は、毎朝、何を着ようかと考えることなく「遅れちゃうからとりあえず」と、社会的な制服として、背広を着て家を出るわけです。もし、背広を着てはダメということになったら、結構困ってしまう。でも、女性は毎朝、何を着ようかと考え、選んでいるわけだから、さぞや大変だと思います。

黒川　そうですね。ただ、着るものの幅については、男性も随分、多様化したと思います。時々「自分は古いなあ」と感じるのは、昔からある洋服の着方、つまり「コード」を崩したくないというあたりです。

齋藤　確かに、着こなしということで言えば、洋服は着物と同様、歴史の積み重ねの上に「コード」ができてきたという経緯があって、それは社会のルールに直結しているものです。「こういう場では、こういうものを、こういう風に着る」というルールは、社会の決まり事に基づいているわけですから、古くなったから簡単に変えていいということでもないと思います。

黒川　昔気質の方の中には、食事中は上着を脱がないという方もいらっしゃいます。私は「暑い暑い、ちょっと失礼」といって脱いでしまうのですが。しかし、食事をとっている間は上着を脱がないという姿勢に、何か美しさを感じるわけです。そして、どちらを応援すればよいのかが、わからなくなってくる（笑）。

齋藤　ジャケットの着脱には、もともと厳格なルールがあって、フランスでは、ジャケットを絶対に脱ぎません。東京で、在日フランス商工会議所のパーティがあった時は、誰もジャケットを脱ぎませんでしたが、在日アメリカ商工会議所のパーティに行ったら、みんなタキシードを着ているのに、食事の席になったら、平気でジャケットを脱ぎ始めた。あれには少し驚きました。

黒川　タキシードの場合、さすがに日本人でも、上着は脱がないですね。それでは、正装の意味がなくなってしまう。

齋藤　そうです。何のための正装なのかわからなくなってしまいます。

黒川　そのあたり、フランス人とアメリカ人は、やはり大きく違うのでしょうか。

齋藤　恐らく、シャツに対する考えの違いに根ざしているのだと思います。フランス人に限らず、多くのヨーロッパ人がそうだと思うのですが、夏は、ワイシャツの下には、Tシャツなど下着を身に付けないのです。一方、アメリカ人は、必ずTシャツを着ます。

黒川　ヨーロッパの人にとって、シャツは下着という感覚がまだあるとすれば、人前でジャケットを脱ぐのは恥ずかしいということにもなる。

齋藤　そうだと思います。それがアメリカで、いつの間にか変わってしまったのです。ぼくも日本で、皆さんがジャケットを脱いでいる場に居合わせた場合は、それに合わせますが、自分からは脱がないようにしています。

そういうことで言えば、知らないからこそルールを守りきるというのもいいかもしれません。どんな相手に対しても失礼がないように、まずはルールを知っておいた方がいい。

黒川　相手あってのことなので、最低限のルールは学んだ方がいいですね。崩すのはそこからです。

齋藤　そうですね。それと大事にして欲しいと思うのは、エレガントかどうかということです。

ある時、エレガンスについて考える機会があって、思い至ったのですが、エレガンスとは、自分と社会の距離をうまく保ちながら、周囲に不快感を与えないことではないかと。それは、言葉遣いやしぐさはもとより、洋服の着こなしにも表れてくる。しかも、自分の個性がないとダメなわけで、さりげなく主張しつつも押し付けない、この微妙な加減の中にエレガンスがあると思ったのです。

黒川　言動や立ち居振る舞いを含め、人の有り様がエレガンスを意味すると。そうなってくると、簡単にできるものでもないですね。

齋藤　かつて男性は、帽子や手袋を身に付ける風習があったのに、今はすっかりなくなってしまいました。振り返ってみると、あれは、男性ファッションのエレガンスの象徴だったように思います。それが失われてしまったのは、先達が築き上げた価値観を崩してしまったとも言えること。もったいないですね。

黒川　ある意味、社会のルールを壊すということにもなりかねません。

齋藤　長い年月をかけて作ったものについて、否定することは構わないと思うのですが、簡単になくしてしまってはいけないと感じます。

黒川　男性の礼服で言えば、先ほどのタキシードについて、気になっていることがあります。私が教えられたのは、タキシードは「夜」着るものだから、午後五時前に着ないということでした。ところが、今の若い人は、平気で昼間にタキシードを着ています。でも、「タキシードとは、夜に着るものだぞ」と教えることが正しいのかどうかもわからない。

齋藤　基本がわかってやっているかどうかによって、違いますね。

黒川　彼らの場合、基本のルールがわからないまま、平気で着ているのかもしれません。あるいは、最近の結婚式では、ネクタイをしていない人もいます。

私は古い人間だから（笑）、新郎新婦に敬意を表すなら、それなりの服装の礼儀があると思うのですが。若い頃は、先輩たちから、服装の礼儀について結構やかましく言われたものですし。

齋藤　ぼくもそうでした。

黒川　親父からも「その恰好はおかしいぞ」と言われたりしていました。私もたまに、息子に言うことがあります（笑）。

齋藤　やはり、そもそものしきたりを大切にすることが大事ではないでしょうか。スーツはイギリスで生まれた時に、理由があって、あの形になっている。タキシードは、なぜ夕方以降に限るかというと、昼に着る礼装は、別にディレクターズスーツと呼ばれるものがあるからです。

ただ、何も知らない若い人に、ルールを守りなさいと、いきなり言うのも無理な話。もともとは、そういった社会のルールをきちんと伝える役割として、店や家族が存在してきたのではないでしょうか。

黒川　それはそうですね。

齋藤　たとえば三越では、江戸時代から鹿鳴館の時代を経て今も、礼装を担う部署がきちんと続けています。国会議員が、海外から来賓を招いた際に、失礼のないようにと、飛び込んで相談する場所でもあった。

最近は、三越で礼服を作らず、普通のファッションブティックで買う人が、明らかに増えている。一方、服を売っている人たちも、脈々と続いてきた伝統的な作法を、自ら勉強することなく、かっこいいか悪いかで判断するだけ。これではいけません。

黒川　それは礼服に限らず、ファッション全般について言えることですね。

齋藤　そう思います。そもそもファッションとは、社会の流れとともに変遷してきたもので、伝統とつながっている。だから、少しずつ変えたり壊したりしていくのも、あるいは反抗してみるのも、面白いと思いますが、先ほど申し上げたように、一気に分断してしまうのは良くないと感じます。

◇服装のルールをはきちがえない

黒川　着物を着る人が減っています。ただ、「着たくない」と思っているわけでもなさそうで。「一揃えすると値が張る」とか「着方がわからない」という人が多いようです。

齋藤　伝統に戻りたい部分と、自由にしたい部分と、振り子のように行き来があって、その折り合いをつける意味でも、「着る」ことの基本を知ることができる場があるといいですね。

黒川　基本がなければ「崩す」こともできないと思うのです。一時期なんて、ズボンがどんどん下がって、お尻が見えそうになっていましたよ。

齋藤　何かに反抗したいから、ああいうファッションになるのでしょうが、何もお尻を見せなくても（笑）。

黒川　実はタキシード自体も、燕尾服の略礼装として生まれたものなので、どこかの時代で、誰かが振り子を揺らした結果なのかもしれません。燕尾服より楽に着られる礼装ということで、試行錯誤して生み出したのでは。そうだとすると、タキシードも、最初に登場した時は、しきたりに則っていないと非難を浴びたのでしょうね。

齋藤　それからタキシードの場合、エナメルの靴を合わせるのが決まり事ですが、これは外を歩くのに適してはいない。つまり礼装した時は、馬車や車での送迎が当たり前だった時代の習慣なのです。

ただ、現代の東京では、そうというわけにはいかないこともありますよね。以前、ジョン・ロブの人に相談したことがあったのです。そうしたら、靴をピカピカに磨いて靴ひもをシルクにすればいいのではとアドバイスされ、以来、タキシードの時は、そうすることにしています。

黒川　日本でタキシードにエナメルの靴を履くと、派手に見えてしまう感じもあります。それに、海外出張の時などは、靴を一足、余分に持って行かなくてはいけない。でも、シルクの靴ひもを持って行けばいいわけですか。

齋藤　ただ、靴はピカピカに磨き上げておかなければならないので、旅先で普段履きにはできないかもしれません（笑）。でも、こういう考え方は、江戸時代に「粋」と言われたやり方のような気がして。

黒川　そうですね。伝統的なしきたりを少し変えてみたら本来のルールがお洒落な方向に逸脱するのが「粋」ですから。着物を着ていた時代は、裏地や帯や、ちょっとしたところで、逸脱して遊んでみるということが、もっとあったと思うのです。

齋藤　ただ、フランス人の目には、日本人はヨーロッパとアメリカのファッションの間を自由に行き来して着こなしているように映っています。

黒川　そうですか。もしかすると、知らないからこそできることがあるのかもしれません。そういう自由や余裕というものは、あった方がいい。たとえば、日本人が洋服を作る時に、本場とは少し違うやり方でやってもいいし、それはそれで良さではないでしょうか。

◇前に逃げている

齋藤　ぼくは、この対談を通じて、改めて感じたことがありました。それは、上場していない老舗はともかく、経済至上主義を標榜《ひょうぼう》しなければならない上場企業にとって、今は大変な時代だということです。たとえばＲＯＥが何パーセントという数字のところで、経営の指標が測られてしまう。経営者は、片時も数字を忘れることができないわけです。

黒川　それでも、日本の経営者は、外国に比べると、「人」や「心」といったことを、あえて口にするところがあります。

齋藤　確かに。ただ、大半の企業は、利益をはじき出す話ばかりに終始しがちで、企業経営がテクノクラートによってなされている感じがします。企業とは、そもそも人が集まっているものなのに、すべてを数字の指標で判断されてはたまりません。

黒川　企業はどうあるべきとお考えですか？　人のためでしょうか？

齋藤　そうですね、難しいところです。家業である会社は、家族のため、従業員のため、社会のため、と割合と立ち位置がはっきりしていると思います。でも、そうでない会社については、株主至上主義みたいになっているけれどそれでいいのか、という疑問を突きつけられている。

黒川　売り上げ最優先ではないけれど、それがないと成り立たないという事実もあるわけで。

齋藤　ぼくもそう思っています。ただ、企業経営において、数字を作っていくのは、あくまで人間であって、数字が数字を作っていくわけではない。

最近は、日本企業による海外企業のM＆Aが活発になされていますが、市場規模や資本だけで判断して買収しても、うまくいかないケースが出てくるのではないでしょうか。企業価値は、数値だけで判断されるものでもないのです。それぞれの企業には文化というものがあるので、それとどう折り合いをつけ、舵を切っていくかが問われると思うのです。

黒川　私は、数値化できない価値にも、重きを置きたいと考えています。企業規模についても、働いている人やお客様が満足してくださっているとしたら、なぜそれ以上大きくしなくてはならないのか、考え直す必要があるのではないでしょうか。それだけを推し進めてしまうと、単なる売り上げ競争に陥るだけになります。

齋藤　市場で大きなシェアを取らないと、他の企業に負けてしまうという危機感が、すべてに優先している気がしてならないのです。言い換えれば、シェア争いに負けないために大きくしたいということです。ぼくは、こういう状況を「前に逃げている」と表現しています。

黒川　言い得て妙ですね。「前に逃げている」とは。追いかけられて、前に行かざるをえないということですね。

齋藤　数値化された規模は、わかりやすい物差しのひとつですが、高度成長時代の価値観そのままに、規模だけで企業の価値を計るのは、もう時代遅れ。

今や規模だけで価値を計る時代でないことは、多くの人がわかっているのではないでしょうか。日本がＧＤＰ世界二位の時代なら、それで良かったのかもしれませんが、今はそうではなく、自社独自の価値を出していくことが大事だと思うのです。数値だけではわからない価値を、どう創って伝えていくかこそが問われていく。規模という意味で言えば、虎屋さんは、もう大きくする必要はないのでは（笑）。

黒川　大きくする面白さはあると思いますが、はき違えてはいけません。

弊社は今、五〇年ぶりに、赤坂店の建て替えを行っています。耐震構造の問題もあって、一度壊してゼロから作る計画を、一〇年近く前から進めてきました。それで、全体の事業計画から見て、これまでと同じ一〇階建てくらいの規模にして、上の階はよその会社に借りていただいてという構想で進め、取り壊しを始めました。

ところがある日、息子を中心としたプロジェクトチームが、「そこまで大きな規模のビルを建てる必要があるかどうか、再検討してみてはどうだろう」と言ってきたのです。

経済最優先で考えれば、銀行からお金を借りて、立派なビルを建てて、賃貸によって採算を成立させた方がいい。でも本当にそうしなければならない必然性がどれだけあるのか。旧本社ビルは、ちょうど東京オリンピックの年に竣工したもので、高度経済成長を遂げた日本の姿や意思を表現しようという意図も含まれていたと思うのです。

しかし今は、その時代に比べて大きく環境が変わっている。勢いのある成長時代でもないし、経済的拡大だけが企業の目指す方向ではない。ですからいっそのこと、一〇階建てではなく、低層の建物にしてもいいのではと。それは確かに身の丈に合っているし、資源や資金を大切にするという考えも体現している、と考え直したのです。

とは言え、またゼロから計画を練らなくてはいけないわけですから、建築会社の方、設計の方、銀行の方、皆さんに謝って歩いています（笑）。

齋藤　素晴らしいお考えで、まったく共感します。そのお話で思い起こすのは、沼津御用邸の建物のことです。明治中期から昭和中期まで利用されていた御用邸で、現在は記念公園となっていますが、その簡素な美しさといったら、実に感動的です。世界中のロイヤルファミリーの別荘の中でもここまで質素な建物はなかったのではと思うくらいです。
日本は経済的に豊かになった今こそ、スケールのみを追うのをやめ、今一度日本独自の感性や精神性、そして中身こそを大事にしていく必要があると思っています。

◇羊羹を世界へ！

齋藤　フランスでは、日本への旅行がブームになっていて、みんな日本に行きたがっています。エルメスでも、「今度の休みは日本に行きたい」と、ぼくのところに聞きにくる人がたくさんいるのです（笑）。

黒川　海外からの観光客は増えていますね。フランスの方は、日本のどちらに行かれるんですか？

齋藤　東京から入って京都へ、少し足を延ばして高野山、その後、直島まで行く人も少なくはありません。そう言えば、銀座に「メゾンエルメス」を作った時、フランスから七〇人ほどのジャーナリストを招いたのです。ただ、銀座に直行するだけではつまらないので、関西空港からまず京都に行って、直島から高松を経て、東京へ向かうコース設定をしました。

黒川　それは面白い。日本には、東京や京都以外にも、たくさん見てもらいたい場所がありますから。

齋藤　名所だけでなく、日本の日常にもっと触れてもらいたいとも思ったのです。パリの仲間とよく話すのですが、これからの時代において、日本の独自性は価値を持っていくはずです。

たとえば日本酒は、いずれ世界で飲まれるようになっていくはず。フランス生まれのシェフのアラン・デュカスは、日本でお酒を作ろうとしています。それくらい、日本酒を高く評価しているわけです。

黒川　弊社も二〇一六年三月に、三越伊勢丹さんが主催し、ホテル・プラザ・アテネ・パリにあるアラン・デュカスさんのレストランで開催された「和食の日」のレセプションディナーに、デザート部門担当として参加させて頂きました。フランス料理と日本料理のコラボレーションでディナーをご用意し、フランス内外のお客様に召し上がって頂いたのですが、日本からは、吉兆さん、青柳さん、天一さんが参加されました。

齋藤　素晴らしい共演ですね。パリでも日本料理に対する評価は、どんどん高まってきています。グローバルな社会になって、世界の人々が、多様な味覚に対して、ますますオープンになってきていて、日本の食文化も、受け入れられてきていますね。たとえばドイツ人は、もともと生魚を食べないのですが、若い人や都会の人たちの間で、生魚を食べる人が増えています。

本来ヨーロッパの人たちは、食べたことがないものに対して割合と消極的で、ハードルがあるのですが、一旦、それを越えてしまうと、一気に広がっていく傾向があります。

黒川　日本人は、食べたことがないものに対して貪欲で、何でもまず食べてみる傾向があるように思います。

齋藤　そうですね。昔、ワインやシャンペンが日本に入ってきたばかりの頃、専門家や食料品の仕入れ担当者は、「こんなものは日本で絶対に売れない」、「日本人は発泡性のものは飲まない」と言っていたものです。それがどうでしょうか。多くの日本人が、ワインやシャンペンを日常的に楽しむようになっている。つまり、日本の食文化の中に、ワインやシャンペンはすっかり定着した。そう言ってもいいと思います。

遡ってみれば、すき焼きや鉄板焼きといった料理が登場したのは、明治時代になってからです。江戸時代までは、日本になかったのに、それが今や、京都の料亭でも出す代表的な料理になっている。そう考えると、最初は少し突飛《とっぴ》と思われても、良いものであれば、確実に受け入れられていく。その国の文化になかったものも、一〇〇年も経てば、立派な文化となっていくということです。

そして、恐らく日本人が美味しいと思うものは、世界に向けても通用する。羊羹もそういう評価を受けてしかるべきだと思います。それは、和菓子全体に言えることで、いずれは、世界の人が食べるようになると、ぼくは考えています。虎屋さんの価値そのものが、海外で広く知られていく時代になると思うのですが。

黒川　そういった手応えは、パリの虎屋で多少は実感しています。羊羹は最初敬遠されていたのですが、現地で馴染みのある食材を使ったり、色や形を工夫したりするうちに徐々に理解していただけるようになってきました。食べてこなかったものに対する抵抗は、時間とともに克服されていくことだと。

齋藤　パリやロンドン、ニューヨークなどの都市で、枝豆は「EDAMAME」と表記されてメニューに載るようになっています。「EDAMAME」は、冷たいビールによく合う食べものである」。そういう感覚が、民族を越えて、共感を呼んだ結果だと思います。

黒川　しいたけは「SHIITAKE」ですし、柚子は「YUZU」と表現されて、今や当たり前の食材になっています。「DASHI」や「WASABI」も定着してきましたね。

齋藤　最近は、日本茶のバリエーションが広がっていて、煎茶どころか抹茶も目にするようになりました。お茶が飲まれるわけですから、和菓子も当然、口にされるわけです。

黒川　弊社では、「羊羹を世界へ」をひとつの目標にしています。それも少し過激なくらい(笑)。自ら事を興《おこ》していかなければ、羊羹が勝手に世界へ出て行くなんて奇跡はあるわけがないですから。

齋藤　仕掛けていくのですね。

黒川　羊羹は、チョコレートと同じくらいの可能性があると思うのです。今食べているようなミルクチョコレートが世界に普及し始めたのは、たかだか一五〇年ほど前のこと。長く飲み物として上流階級など限られた人々に摂取されていたのですが、一八〇〇年代に入って技術革新や食べるチョコレートの考案がなされ、大きく発展したのです。しかも、羊羹は小豆からできていて、チョコレートはカカオ豆からできていて出自も少し似ている。そう思うと、羊羹も世界への可能性が十分あると思っています。

震災後、パリ店では、放射能汚染の危険があるということで、一部の商品や食材が輸入禁止になりました。そういったことを考えると、今後の安全供給のためのリスクヘッジとして、小豆を世界中で作れるようになっていい。そんな夢も抱いています。

二〇一〇年から、東京や大阪、札幌など三越伊勢丹さんの百貨店で七回ほど、全国の羊羹自慢の和菓子屋が集まって催していた「羊羹コレクション」は、二〇一六年三月についに海外へ、パリにも行きました（詳細は207頁に）。三日間で、約二三〇〇人の方がご来場くださり、「たまたま通りかかって立ち寄ってみたら、とても素晴らしいイベントだった。またパリで開催してほしい」とか、「アートを食べているみたいだ」といったお声をいただきました。

齋藤　甘い豆を食べる習慣がヨーロッパにないとは言ってもチョコレートもカカオ豆ですから、そこさえ突破してしまえば大丈夫ではないでしょうか。

黒川　そんなに簡単ではないことは承知していますが、五〇年かかるのか、一〇〇年かかるのか、それなりに時間はかかるだろうけれど、誰かがやり続けない限り、成就することはないし、そうやって歴史は作られていくものだと思います。虎屋があと一〇〇年続いたとして、一〇〇年経った時、「どうしてＹＯＫＡＮが世界中で食べられているのだろう」となって、「そのきっかけを作ったのは、虎屋の〇〇という社員がこんなことをしたから」と語られるようになるかもしれない。地道に、けれども着実に、皆でがんばろうと話しています。そこに向かって少しでも前に進めていくのが、今やるべきことなのです。

齋藤　どんどんやってください（笑）。

黒川　目標がはっきりしているのなら、まずは行動に移すことです。オリンピックになぞらえるならば、東京オリンピックが行われることが決まる。それで、金メダルを三五個獲得しようという目標を立て、そうだそうだと言っているだけでなく有望な選手を見つけ、育て始めなければ金メダル獲得につながらない。羊羹を世界へという目標についてもこれとまったく同じことが言えるわけで、目の前のことに手をつけない限り、将来の実現はない。

齋藤　羊羹が世界で食べられている日は、意外に早く来るかもしれません。今は、歴史上数百年かかっていたことが、あっという間に進む世の中になっていますから。

しかし一方で、今すぐヒットするようなものを作ればいいということではなく、抜かりない準備をしながら、取りかかっていくことが大事だと思います。

黒川　何事においても、今やらなければいけないことを、どうやっていくのか。これに尽きるのではないでしょうか。羊羹を売り続けてさえいれば、いつか世界への道が開けるなんて話でなく、今、何をやるべきかを決めて、実行していくことこそが重要なのです。

齋藤　何に対してもタブーを作らずにやっていけば、創造的なことは、世に広まっていくのかもしれません。その意味では、ものを送り出す側だけでなく、固定概念をはずし、オープンな姿勢を持ち続けることが大事だと思います。毎日が変化の連続ですね。

黒川　だからこそ、日々の変化を当たり前のように受け止め、即座に対応していくしかない。それも、誰かを頼りにするのではなく、自らやっていかなくてはいけないのです。

◇商品から物語へつなげていく

齋藤　虎屋さんのパリのお店は……何年目でしたか。

黒川　三六年目ですが、二〇一五年、二回目のリニューアルを行ったところです。

齋藤　あのお店は、フランス人からも一目置かれていますよね。

黒川　ありがとうございます。知ってくださっている方も多くなり、うれしく思っています。ただ、虎屋という企業名が出ていくことに重きがあるというより、和菓子そのもの、もっと言えば羊羹がもっともっと広まって欲しい。

それも、虎屋の羊羹にこだわっているわけでなく、どこの和菓子屋さんの羊羹であってもいいのです。羊羹そのものが、世界のさまざまな国で、日常的に食べられる存在になっていったらうれしいです。

齋藤　和菓子は西洋的価値観とは違うところで美を表現しているから、虎屋さんに対して、海外の人は尊敬の念を抱いていると思うのです。

日本企業ということで言えば、工業やエレクトロニクス分野で名を馳せているところはいくつかあるのですが、文化や美を土台とする企業が少ないのが現状です。虎屋さんが先導役になって、文化や美を背景に持った企業が、国際舞台で評価され、尊敬されることは、日本人として喜ばしいと感じています。

黒川　和菓子屋としてできることを続けていきます。

齋藤　消費者は、和菓子を通して、それを作っている虎屋さんに対して感情移入していきますね。おいしく食べているうちに、「なんでこんなにおいしいんだ？」、「どんな企業がこれを作っているのか？」と追求したくなるものです。

そうやって、商品から企業へと感情が橋渡しされ、つながっていくのではないでしょうか。

黒川　そのような商品、菓子を作る自分たちでありたいですね。

齋藤　商品を通して企業に関心を抱き、その姿勢に共感する。そうやって、創業者の思いや、働いている人の価値観に、自然と吸い寄せられて行くのです。それが本当のブランドだと思います。

たとえば、ぼくがその日本法人の会長をしていたドイツのカメラメーカー、ライカは、一度、商品に触れて好きになると、「なぜこういうものが生み出されたのか」、「どういう企業が作ったのか」を知りたくなるお客さんが圧倒的に多かった。

他にも米国のカリフォルニアに、パタゴニアというユニークな企業があります。一九七〇年代に、ロッククライミング好きが集まって、山に行けない日に一緒に仕事するというところから始まった、登山やサーフィンをはじめとする、アウトドア用品のメーカーです。この企業の製品を使ったり、ウエアを身に付けたりしていると、作っている人たちの発想にまで、思いが及んでいくのです。

どちらの企業も、顧客がしっかり付いていっている。商品と企業がつながって、ひとつのイメージを形作っているからです。虎屋さんも同じことで、十何代にもわたって続けてこられたことなので、当たり前になっているのだと思いますが、お客様からは、羊羹をはじめとする和菓子の背景に、企業の思いや姿勢が透けて見える。そこに共感していくことになる。

黒川　「お客様が、この和菓子は、どういう会社で、どういう人が作っているのだろうと想像してくださるような企業になろう」と社内で言っています。商品の背景に、企業の存在がある。それも、単なる企業名だけに留まらない価値を感じていただけるところに、企業の存在意義はあるように思うのです。

齋藤　虎屋さんの場合は、企業にまつわる物語がしっかり存在している。そして、その物語に対して、多くの日本人が良いイメージを抱いています。

黒川　そうだとしたら、先人たちのおかげです。もし私が起業したのだったら、そんなことは言っていられない。先人たちの弛《たゆ》まぬ努力があったからこそ、物語という財産を培《つちか》うことができたのだと思っています。

齋藤　物語というものは、実はとても大事なのに、最近の日本企業を見ていると、どんどん失われていますね。

一九九二年に、パリから日本へもどって、エルメスの仕事に携わった頃は、「日本型経営」がもてはやされていた時代でした。トヨタの「ＫＡＩＺＥＮ」に脚光があたっていた頃のことです。その後、バブルが崩壊して、効率主義の「アメリカ型経営」が注目を集めるようになった。

「日本型経営」がうまく行っている時は、終身雇用制が絶賛されもしましたが、「アメリカ型経営」がお手本とされるようになると、実力評価主義が取り入れられるようになり、企業を診断する物差しも、「○○社はＲＯＥをいくらにした」といった話ばかり。それはそれで大切なことですが、「それ以外の物差しも大切だ」と、思わず言いたくなってしまいます。

黒川　そういった視点を大切にしたいものです。

◇お互いの道理を確認する

黒川　前も申し上げましたが、だんだん、齋藤さんと自分の話の区別がつかなくなっていまして（笑）。それほど齋藤さんと私の思うところは、似ている。こういうこと、稀《まれ》なのではないでしょうか。

齋藤　ぼくもまったく同じことを感じていました。

黒川　私の中で、齋藤さんの話に合わせているという意識はまったくないのです。意見が違うと思ったら、はっきり言ってしまうタイプなので。

齋藤　黒川さんとの違いがどこにあるかを言わせていただくならば、黒川さんは家業を継いでいらっしゃるという点です。ぼくは、エルメスという家業の会社に入って、その価値を語り伝えてきたわけです。

　黒川さんは、もう存在そのものが虎屋さんです。虎屋さんの何たるかを当たり前のように体得していらっしゃる。一方でぼくは、エルメスの何たるかを理解した上で、自分なりの言葉で伝えてきました。ただ、虎屋とエルメスがあまりにも似た存在なので、黒川さんが虎屋のことを語られると、ぼくはエルメスのことを語っているようにとらえる。逆に、ぼくがエルメスのことを語ると、黒川さんは虎屋のことのようにとらえてくださる。この対談は、そんな行き来をしてきたような気がします。

黒川　企業としての近さが、まずあります。でも、それはそれとして、齋藤さんと私とは、人間的に共通する部分がとても大きいのだと思います。目指しているものが、とても近い。

齋藤　世の中の道理を求める点が、近いのではないでしょうか。というのは、虎屋もエルメスも、長く続いている会社は、ものの道理に合っているからだと思うのです。人の道を外れたことを、行ってきてはいない。だから長続きしてきたし、そういう価値観を、黒川さんもぼくも大事にしてきたと思うのです。

黒川　なるほど、道理から外れてしまったら、長続きしないですからね。国交省を退官された舩橋《ふなばし》晴雄さんという方は、シリウス・インスティテュートというシンクタンクを立ち上げ、経済倫理や企業倫理について研究されているのですが、「日本では、お金儲けだけでなく、倫理を大切にした企業が存続していく」とおっしゃっている。この言葉は私の胸の中に印象深く残っています。

齋藤　似たようなことを思い出しました。先日、京都で行われたある集まりで、若い人から「センスがあるとはどういうことか」と聞かれたのです。ラテン語で sēnsus とは、物事の細かいところまで認識できる能力のことを指しています。また、英語で make sense とは、道理にかなうことを意味します。つまり、センスがあるということは、細かいところまで見極め、道理がわかるということなのです。

　そう考えてみると、虎屋もエルメスも、センスがあるから長生きしてこられたと言えるかもしれません。センスがなければ、お客さんに支持されなくなって存続が難しくなっていたはずです。

黒川　この対談は、互いの道理を確認し合う場だったのかもしれませんね。

齋藤　なるほど、そうですね。

黒川　先ほども申し上げたように、あまりに意見が一致しているので、良い意味で発見の少ない対談だったかもしれません（笑）。

そもそも齋藤さんとの出会いは、「エルメスのライバルを強いて挙げるならば虎屋」という お言葉がきっかけでした。私も以前から、エルメスという企業が好きで、そこの顔とも言える齋藤さんに、是非、お会いしたいと思っていましたから。

齋藤　エルメスという企業を体現していた前社長のデュマさんに、黒川さんをご紹介したかったのですが、ちょうど来日のタイミングと黒川さんのご都合が合わず、二〇一〇年に亡くなってしまったのが残念です。

黒川　私も、是非お会いしてみたかったです。

◇これからの目標

黒川　これからのことを言えば、次の世代に伝えるべきことを伝え、どんどん譲っていきたいと思っています。年齢的にもそろそろ自分の時間を作ることを考えています。

今日の自分があるのは、妻や子供に会社優先ということをあまり疑問も抱かずに押しつけてきたからかもしれない。それは、社員に対しても同じことを求めていたかもしれない。忙しく働いてきて、自分の時間や家族との時間のことを考えなさすぎたと遅ればせながら思うのです。

たとえば、和菓子は祝日に特別なものを出すことが多いので、それを作って売るために、社員は出社せざるをえないわけです。正月にしたって、元旦から菓子を作り、店を開けてきた。それを、長年にわたって、社員や家族に強いてきたわけですが、少し「待った」をかけて、社員も私も、家族を大切にできる仕組みを整えなければいけない時代になってきたと感じています。

齋藤さんは、ご自身のこれからについて、どう考えられていますか？

齋藤　「自分はまだまだ生きていない。これからどうやって生きて行こうか考えている。そう思っていたら、いつの間にか、この年齢になっていた」と言ったのはボーヴォワールでしたか。そんな思いを抱いています。

高校を卒業してからフランスへ行ったのも「今、見ておきたい」、三越やエルメスにおける仕事も「やってみたい」。そんなことの連続で、考えてみると、自分の好きなことしかやってきていません。かといって、天職かと言われると、そうとも言い切れないのです。

パリの三越時代は、フランスのライフスタイルを日本に届けたい。エルメスに入ってからは、エルメスが提案するライフスタイルを日本に届けたい。そういった思いを抱いて、一生懸命やってきました。楽しめるもの、豊かになれるもの、面白いもの、それを伝えるのが楽しくて、仕事を続けてきたと言っていいのかもしれません。

一方、日本人が西洋化を急速に推し進める様子を、パリから見ていて、日本の良さが失われていくのが残念だと感じていました。たとえば、今日は、ここ神楽坂で対談していますが、この街は、こういう昭和の日本の良さが裏通りに残っている数少ないエリアのひとつです。花街の細い路地に入り込んだりすると、また来たいなと思う風情があります。

日本が西欧化していく過程で、昭和の良さの大半が否定され、失われてしまうのは、実にもったいない。たとえば、美しい景観を持った田舎がどんどんなくなっているのも残念なことですし、地方に行くと、「この職人の技術は、私の世代で終わりです」という話を聞くことが、どんどん増えています。

黒川　パリと日本を行き来していらっしゃる齋藤さんの言葉には、重みがあります。日本が失ってはならないものの良さを、海外の方たちから褒められることは、意外と多くあると感じています。

齋藤　たとえば四季の移り変わりを大切にしてきた日本には、旬の食べ物を慈しむ風習があります。和菓子の世界では、今もそれが守られていますが、そうではない分野が、暮らしの中で広がってきていますね。

苺や西瓜などは、かつては春だけ、夏だけだったのに、今は一年中食べられるものになっています。

シンガポールの友人が日本を訪れた時のこと。虎屋さんに行って、以前に買ったお菓子を買おうとしたら、「あれは秋のお菓子ですから（春の）今はありません」と言われたそうです。そんな話を聞くと、つい嬉しくなってしまって（笑）。

黒川　和菓子と季節は切り離せないものですから。

齋藤　それこそまさに、豊かさだと思うのです。四季の移り変わりという感覚が失われてしまったら、暮らしが素っ気なくなってしまう。日本の中で大切にしてきた暮らしの良さを、ぼくなりに世の中に伝え、残していければうれしい。

それで、二〇一五年、思い切ってエルメスを退社し、今後は日本の良さを残したり伝えたりすることを、さまざまな形でお手伝いする活動を始めました。少し大げさですが、これは日本人のためというより、世界のために役立つと感じているのです。

振り返ってフランスはどうかと言えば、正直言って、革命前のフランス的なものが、あまり残ってはいないのです。伝統的な民族衣装もないし、昔の歌も聞きません。というのは、革命を起こした際に、それ以前のものを、否定して排除してしまったからです。

そう思うと、日本は貴重な財産を持っている国ですし、それを、他の国でも活かすことができる。ぼくはこれから、そういったことを実現していく仕事に力を注ぎたいと考えています。

そもそもエルメスでやってきたことも、ぼくが日本人であることが、どこかで役立っていたと思うのです。歴史ある日本という国に生まれ育った視点から、フランスを発祥とするエルメスという企業を見た時に、企業の良さが浮き彫りになってくる。それを伝え、活かす役割を果たしてきたような気がしています。虎屋さんもエルメスも、昔ながらの生活の中で、連綿と続いてきた技術やものを大切にしてきた。これからはエルメスを離れ、その価値観を世の中に広めていくつもりです。

日本が持っている文化の良さを伝え、活かすところに、自分の力を注いでいくことが、ぼくが果たす役割のひとつではないかと思っています。

黒川　確かに、海外だから見えてくる日本の良さというものは、たくさんありそうです。

齋藤　そうなんです。ぼくはずっとフランスと日本の間に立って、翻訳者と言ったらいいのか（笑）、「エルメスのここが凄い」という話を広めてきました。それを今度は、「日本のここが凄い」という話を広める役割を担っていこうと。

たとえば最近、多くのフランス人が、日本を訪れるようになっていて、そういった友人が口を揃えて言うのは「日本の日常生活がすばらしい」ということです。

黒川　日常生活ですか。

齋藤　日本人にとっては何でもないことなのかもしれません。たとえば、春になるとお花見をして、夏にはお盆があって、秋になるとお月見をして、冬にはお正月があって、という季節の伝統行事の存在が魅力的だという。あるいは、居酒屋をはじめ、繁華街のオープンな雰囲気も魅力的だと、よく言われます。新橋の飲み屋街や新宿のゴールデン街などは大人気エリアになっています。

黒川　ああいう雰囲気は、海外にはあまりないかもしれませんね。

齋藤　普通、夜の繁華街というと、危ないエリアにあったりして、怖いはずなのです。ところが日本の繁華街は、女性一人でも平気という安全性が確保されていて、しかも、職種や役割が異なる人たちが集まって、わいわいがやがやできる場所。とても人間的で、お祭りのような楽しさがあるという。そういう場所が、特に先進国の中で、どんどん失われているのですね。

黒川　日本人はその魅力に気づいていないので、そういったものを排除していく動きがあるように感じますが。

齋藤　そこは気をつけないといけないと思います。日本の日常の素晴らしさは、コミュニティーや他人を思いやる心にあるのではないでしょうか。東日本大震災の時も、海外から最も賞賛されたことのひとつでした。

だから日本は、日常生活をきちんと営んでいくことを、大切にした方がいい。繰り返しになりますが、そこに第三者が価値を見出しているのですから。

黒川　これからの齋藤さんの仕事ですね。新しいステージに向かわれるということで、具体的に手をつけていらっしゃることは、何かあるのですか？

齋藤　いろいろとやってみたいことがあり過ぎて（笑）。まずは、日本の職人さんたちの技術を見せ、伝え、ビジネスとして成立させるための「アトリエ・ブランマント」（パリのマレ地区のギャラリー。日本の職人と外国人デザイナーが繊維や陶芸、木工などでコラボレートした作品を展示販売）という場をパリで興し、そのプロデュースを手がけています。

日本の村の再生も、お手伝いしていきたいことのひとつです。自分一人でできることではありませんが、若い人たちの中に、かかわってみたいという人が出てきている。この若いエネルギーを活かす仕組みを作りたいと考えてもいるのです。

黒川　ますます忙しくなりますね。日本には、失われてしまったらもったいないというものが、たくさんありますから。

齋藤　日本の良いものについても、単純に、昔ながらのものを続けていくことだけでなく、それを土台に、新たなものを作る必要があると思います。そういった仕事を若い人が担っていく時代ともとらえています。

それともうひとつ。立場としては、今までずっと会社組織の中でやってきたので、今後は組織を作って、その社長を担うというやり方を、あえてとらないことにしました。

黒川　それはどういう理由で？

齋藤　これからの時代は、従来のピラミッド型の組織もあっていいとは思いますが、地方再生の話だって、東京という中心から、地方の市町村に下りて行くのではなく、日本の地方と世界の地方がつながるといった、別の形があった方がいいと思っているのです。

黒川　楽しい未来ですね。何かできることがあれば、私もお手伝いしてみたいなぁ。

齋藤　それは百人力です（笑）。

最近のできごと —— あとがきに代えて

黒川光博

対談を終えてから、刊行までにしばらく時間が経ちました。そこで、頁を頂戴し、その間の虎屋の出来事をお伝えしたいと思います。

まず、二〇一六年三月に、羊羹の名店による、『羊羹コレクション』をついにパリで開催しました。国内の百貨店や菓子博で行ってきた催しです。参加した和菓子屋は三五店舗、マレ地区という人気のエリアで三階建てのギャラリーを借り、四日間で二三一五人がご来場くださいました。想像をはるかに超えるお客様で、来場者の七割以上がフランス人など海外の方でした。

そこに並んでいた羊羹は、３Ｄで型をつくって、流し込んで固めたものもあれば、色とりどり華やか、変化のある味を付けたものもあり、実に多様でした。それは、パリ店がオープンした一九八〇年当時から積み重ねていた、フランス人の感性への挑戦に重なるものでした。もちろん、豆を甘くして食べる事への抵抗がなくなったわけではないので、途上ではあると思います。

よい結果を残せたことは、中心となって参加した三〇～四〇代の若い店主達にとって自信ともなったようで、これがいちばん嬉しいことです。経費の捻出から、場所探しや会場づくりの交渉まで、大変なことを具体的にやってのけました。外国で苦労も多かったと思いますが、和菓子や羊羹の、この先に向けての明るい光が見えてきます。

パリでの『羊羹コレクション』が実現できたのは、「次はパリだ！」という若い世代のパワーがあったからです。我々世代になると、口ではやろうと言っても動き出すまでに時間がかかってしまうのですが、ほんとうに頼もしい。時代が違うともつくづく感じます。しばらくパリで修業をした息子には地の利があり、和菓子屋の若い方の中には、外国で勉強していた方も多い。ここにこんな場所があるよ、こういうパフォーマンスができるよ、と現地と相談しながらできるのです。ネットワークが世界にある世代には、どんどん活躍してほしいと思っています。国からの援助もあり、この二年のあいだにもう一回行うという話もあります。

東京では、二〇一六年三月から二カ月ほど、六本木の「東京ミッドタウン店」のギャラリーで、豊かな高齢社会をテーマにした『いつまでも甘くたのしく』という企画展を、医療関係の方のご協力も得て行いました。私たちは二〇〇一年から、ご高齢者専門の病院で患者さんとご家族に和菓子を召し上がって頂くイベントを行っているのですが、三年ほど前から、高齢社会や高齢者について専門家から学び始め、会社の中期的な目標のひとつにも「高齢者を大切にする企業を実現する」と掲げています。

ご高齢者向けの菓子づくりにも取組んでおり、たとえば、ご高齢のお客様が病床で干菓子を崩して召し上がっていたとのお話から、もっと溶けやすくするために小さく薄くしたり、真ん中にくぼみを入れたりと、工夫を凝らした干菓子を展示に合わせて開発しました。羊羹でも、噛んで飲み込む力が低下した方へ「人生の最後まで美味しくお召し上がりいただける羊羹」をと、飲み込みやすいものを考える。ただ、あの硬さ、あの「食べている」という口の中の実感もまた大事なのでそれを損なわないためにはどうするか。課題は尽きません。

店頭でのご高齢者への対応についても、社員にレクチャーを受けてもらいました。心身の変化を学び、声のトーンが高音だと聞き取りにくいので落として話す、配送伝票にご住所を書いていただいているときに、「羊羹三本入りでよろしいですか？」などと確認すると、作業が重なり混乱させてしまうので、ひとつの作業が終わってから次に移る、といった内容です。若い社員にはなかなか伝わらないのではと心配していたのですが、杞憂に終わりました。「自分の心が優しくなった」「いますぐ売場に戻って早くお客様に接したい」「故郷の両親に久しぶりに電話した」という声が聞かれ、身近な両親や祖父母のことを思い出し自分ごととして捉えてくれたようです。意識が劇的に変わりました。

ほかにも、お困りになるのはこういう場面で、その理由はこういうことだったのか、ではもっとこうしていこう、とハッとさせられることがたくさんありました。しかし、それらを

にとっても、便利でよい環境になるのではないかと思っています。ひとつひとつ見直すことは、実はご高齢者だけのためではなく、海外の方にとってもどなた

二〇一六年八月には、この本をまとめてくださった川島蓉子さん率いるｉｆｓ未来研究所さんと、虎屋の職人でつくりあげた「みらいの羊羹」を、伊勢丹新宿店さんで展示販売しました。「みらいの羊羹」づくりは今回で四回目、毎回新たなテーマを頂き、どうそれにお応えできるかと試行錯誤する日々は、大いに刺激になります。

たとえば、『カレ ド 羊羹』は、マーブル模様の約二〇センチ四方の羊羹を三ミリの薄さにしたスカーフのように軽やかなものなのですが、「羊羹というのは、厚く切りその食感を味わうものだ」という私の固定観念を覆す発想で、まだまだ自分の頭は固いと反省しているくらいです。羊羹にはいろいろな可能性があるということを具体的な形で表現することができ、「羊羹を世界へ」にもつながったように感じます。

とにかくチャレンジをし続けることが大切で、ダメだったからといって挫けてはいられません。この『カレ ド 羊羹』が誕生するまでに半年ほどかかりましたが、これからも現場の作り手が、自発的にこのようなチャレンジをしていってくれることを望んでいます。

過去の膨大な経験をいかに駆使していくかという話にもなりました。新しい挑戦も、実は最新技術はほとんど使わず、多くを箸一本でやっているのです。「薄い羊羹」を手掛けたの

は、大ベテランと三〇代の、二人の社員。これまでも、現場の作り手が先頭に立って引っ張ってくれ、それに触発される仲間がいたから、虎屋は長くも続き、新しいことにも挑戦してこられました。

私が社長になった頃は、「なぜ新しいことを考えなければいけないのか」という声もありました。今売上げが上がっているのはお客様が認めてくださっている証拠、変える必要はないではないか、と。でも変えるべきは変えていかないと未来はありません。しつこく言い続けた結果、新しい事に対し「とりあえずやってみよう」と誰もが言える会社にはなってきたと思います。お客様や社外の方からそういったチャンスを頂けるというのは、ほんとうにありがたいこと。扉はいつも開けておきたいと思っています。

ただ、単に新しい事をやればいい、というわけではありません。一回で終わってしまってもダメです。新商品を考えるにしても、目新しさだけであったり、担当者もこんなに一生懸命やったのだからこの辺でよいかと妥協したりしてしまってはいけないのです。時を越えてよいと思って頂ける菓子を、つくっていきたいと思っています。

そして現在、二〇一八年に新しい形でオープン予定の赤坂店について、どのような店にしようかといろいろと考えているところです。一九六四年の東京オリンピックの時に新築し、五一年続いた店を休業した二〇一五年一〇月には、ホームページでお客様への感謝の気持ちを申し上げたのですが、多方面の方々から思いも掛けない大きな反響がありました。

本書は齋藤さんとの三年にわたる対談をまとめたものですが、ここで述べてきたことは、ホームページの言葉と同じ気持ちの上にあると私は思っています。虎屋を愛してくださるお客様がいらっしゃるからこそ、今日の私たちがあるということを心に刻み、新店舗でも、今までのお客様はもちろん、新たなお客様にもお目に掛かれることを楽しみにしています。

「日本発」を創る —— あとがきに代えて

齋藤峰明

本文にもありますが、私が黒川社長と出会うきっかけになったのは、エルメスのライバルはどの企業ですかと聞かれて、咄嗟に、「強いていうなら虎屋さんでしょうか」と発言したことでした。そして今、この対談を終えて、つくづくエルメスと虎屋さんの考え方は似ているなあと実感しています。エルメスは高級ブランドと呼ばれていますが、そもそもブランドと呼ばれるのは、単に有名だとか、良いものを売っているからというわけではありません。そこには、ものづくりや企業のあり方についてのそれぞれの強固な理念があり、これに対するお客様の共感があるからです。お客様の企業あるいは企業の提供するサービスに対する期待には、憧れや夢といった個人的な想いまでもが含まれます。そして企業側とお客様側の間で価値観の共有ができた時、両者に信頼関係が生まれます。企業はこうした期待と信頼に応えるべく努力をし、それ以上のものを提供しようと努めます。この両者の関係が長い時間を経て熟成され、企業側がブランドと呼ばれるようになるのです。

日本ではこのような企業のあり方を暖簾《のれん》という言葉で表現します。暖簾を守るということは、お客様の期待と信頼に応えていくということであり、暖簾を汚すということは、逆に裏切るようなことをするということなのです。エルメスが最高のブランドと呼ばれるのも、虎屋さんが日本を代表する老舗と呼ばれるのも実は、このように、単に良いものを提供するということだけではなく、お客様の期待と信頼に応えていくという精神が多くの共感を得ているからなのです。

日本は古来より、たくさんの良いモノを生み出してきました。ただ戦前までの伝統的な技術はライフスタイルの変化とともに現在どんどん失われつつあります。また近代ではその技術力で日本のメーカーは世界の市場を風靡してきましたがここ数年、大きくその国際的な地位を失いつつあります。

今私が日本に足りないと思うのは、こうしたエルメスや虎屋さんのような老舗の流儀です。日本が持っている本当のものづくりの精神を生かし、現代の顧客の価値観に寄り添い、その期待と信頼に応える、あるいはそれを超える努力をすることにより、顧客の共感を得ていくことが日本にとって必要だと思うのです。これこそが今、世界的な日本のブランドを生み出す道だと考えます。

私は二〇〇八年以来、本社の副社長としてグローバルな観点から日本を見るにつけ、そんな想いを強くしてきました。日本が本来持っている力を引き出すことで日本のお手伝いがしたい、世界の役に立ちたいと思うようになりました。

そこで二〇一五年夏にエルメスを退社、シーナリーインターナショナルを設立し、色々なプロジェクトを立ち上げることにしました。その一つが企業のブランディングのお手伝いであり、そしてもう一つは日本の新しいライフスタイルの創出と世界への発信です。

ものづくりは単なるビジネスの原点であるだけでなく、文化を形成するものです。日本のものづくりの系譜を再生するとともに、日本人独自の感性や美感を現代の生活の中で存分に表現することで、日本発の新しいライフスタイルの創出につなげていきたいと考えます。世界の人々が注目しているのは自分たちにないもの、これを日本に期待しているのです。

日本ならではの技術や知恵、そして感性が生むモノやかたちを発表するギャラリーを最近、東京、京都そしてパリ在住の若いチームと一緒に、パリのマレ地区に立ち上げました。その名をアトリエ・ブランマントと言い、日本の質の高い伝統技術を生かして、欧米のライフスタイルに合った現代商品を作り、世界に向けて発表、販売していくための場です。ものづくりの現場にも入り込み、職人達に現代のライフスタイルが何を求めているのかを伝えていくことにも取り組んでいきます。

二〇一六年の春には、フランス人のアートディレクターとテキスタイルデザイナーを連れて、京都と丹後で代々着物の生地を生産している中小企業一〇社を訪れました。これらの特徴ある技術を生かしながらも、新しい用途のために一緒にデザインを起こし直して、来年春のパリの展示会に発表すべくコレクションを準備中です。時代とともに使うものは変わっていきますが、長い年月をかけて培われた技術や感性を、新しいものづくりに活かすことで、こうした日本ならではの文化を次の世代に引き継いで行きたいと思っています。
これらの取り組みは地方の再生にもつながると考えます。日本の精神文化を生んだのは私たちのふるさとであり里山です。これらがなくなると、私達日本人はその精神的バックボーンを失ってしまいます。今こそ地方再生のために若い人たちに動いてもらう必要があると考えます。日に日に通信手段と交通手段が進化し、世界はどんどん狭くなっており、これからは大都市に頼ることなしに、世界の地方と地方がつながる時代です。日本の地方がものづくりを通して世界と交流できれば、そして地方発の国際的な日本のブランドが生まれれば、新しい日本が生まれると思います。

エルメス家の五代目の社長、ジャン・ルイ・デュマ氏は、一九九〇年代、日に日に耳にすることが増えていたグローバリゼーションという言葉を嫌っていました。彼にとってはそれは世界の均一化を意味する言葉だからです。これに対し、彼が推奨していたのはマルチローカルです。世界にはいろいろな文化があり、それだから世界は豊かであり、そしてそれぞれが世界に寄与していけばよいという考え方です。G7のメンバーである先進国で唯一、西洋とは違う文化を持っている国は日本です。日本ならではの生活文化を現代の中でもう一度醸成し、世界に発信していくことこそが、現代の世界の中での日本の役割なのです。

おわりに

川島蓉子

不思議なご縁で始まった連続対談

虎屋の黒川社長とご縁を得たのは、かれこれ一〇年以上前のことです。食事をご一緒したのが始まりでした。

ガチガチに緊張していた私は、初対面で大失態を演ずることに。よりによって、ワインの入ったグラスを手からすべり落としてしまったのです。途方に暮れていたところ、すかさず黒川さんが、声をかけてくださったのですが、そこには、温かさとともに、微かな茶目っ気が込められていて、緊張していた場が一気になごみました。大きく救われたのを、ありありと覚えています。

エルメスの元副社長である齋藤さんとは、公開シンポジウムの席でご一緒したのがご縁でした。お会いする前は、「ラグジュアリーブランドのトップの方、近寄りがたい存在に違いない」と勝手に決めつけていたのですが、終了後、「川島さんのものの見方は面白いですね」

と声をかけられたのです。

驚きました。仰ぎ見るブランドのトップが、こんなに軽やかな物腰でいることに。と同時に、何かを面白がっているような齋藤さんの姿勢と発言に惹かれました。これをきっかけに、『エスプリ思考』という本を書くことになったのです。

そのうちに、黒川さんと齋藤さんが知り合いだったことがわかりました。しかも、お互いに尊重している間柄であることも。なるほどと腑に落ちました。二人のものの見方や考え方に、通ずるところがあると感じていたからです。

このご縁を活かさない手はないと考え、思い切って公開対談をお願いしたところ、予想通り、対談は興味深いものになりました。〝フランスから見た日本〟と〝日本から見たフランス〟、〝伝統や歴史を大切にする意義〟と〝未来に向けた挑戦を続ける難しさ〟、〝人が働いてかかわっていく社会〟と〝社会で存在意義を見出す人間〟など、多くの知恵とユーモアがちりばめられた話に、聴衆は惹きつけられたのです。

もっと多くの方々に伝えたい、いや、伝えなければと、対談を重ねたのが本書です。これも当初は、お二人から「一冊の本にするほどでは」と遠慮と懸念を示されてしまいました。

でも私は、エルメスや虎屋についてのブランド論やマネジメント論をまとめようと意図したわけではありません。歴史に裏打ちされた企業の経営トップとして、広く多面的に物事を見てきた二人が、企業や働き方を取り巻く状況をどのように見ているのか、どう導いていこうとしているのか、聞いてみたいと思ったのです。

初回は新潮社クラブの和室で、虎屋の最中をいただきながら、炬燵を囲んで行いました。二回目はパリ・サントノーレのエルメス本店で、ミュージアムを見学しながら。三回目は静岡・御殿場のとらや工房で。最終回は、また新潮社クラブでという風に、日本とパリを巡る長丁場になりました。

最初は少し硬い雰囲気が漂っていましたが、それも次第に打ち解けていきました。時にからりとした笑いを、時に少し厳しい眼差しを、時にはにかんだ表情を交えながら、話は深まっていったのです。

話題は、仕事に留らず、日々の暮らしぶりや、人としての幸せ観にも及びました。対談から生まれたやわらかい空気が後押ししてくれたのでしょう。場の勢いを得て、「男はやっぱりダメだなぁ」「これはやるしかないでしょう」と、くだけた口調で盛り上がる場面もあったりして。進行役を担った私にとって、贅沢な体験でもありました。

全体を振り返って気持ちに響いたのは、まず、二人の家族に対する思いでした。日本の男性は、奥さんや子供の話になると、急に口数が少なくなり、少しぞんざいなくらい謙遜する方が多いのですが、お二人が語る夫婦観、家族観は、素直な愛情に充ちていました。

「結婚して良かった」、「家族がいちばん大事」という言葉が胸に響いたのは、心の底からそう思っているから。「日本でも、こういう男性が増えてくれたら嬉しい」と素直に感じたのです。そうやって家族を慈しんでいるから、仕事の場面でも、愛情に重きを置き、人を大切にしている。それが、社員をはじめ、接した人に伝わっていくので、二人は仰ぎ見られる存在なのだと納得したのです。

〝革新〟とは軽々しく使えない言葉

最初の対談で、黒川さんが「ここ数年、私は〝革新〟という言葉を使わないことにしています」と言い切られ、それに齋藤さんが大きく賛同したのは、驚きのひとつでした。常に新しいことへの挑戦を続けてきた虎屋の姿勢を、さまざまな場面で見てきただけに、それを否定していると、勘違いしてしまったのです。

ただ、聞いていくと真意はそこにあるのではなく、〝革新〟や〝イノベーション〟という言葉が多用されることへの警鐘にあることがわかりました。表層に過ぎない小さな変化や、一過性の流行現象まで含め、すべてが〝革新〟や〝イノベーション〟という言葉で一括りにされている昨今の状況に対し、安易過ぎると憂慮されていたのです。

五〇〇年近くに及ぶ虎屋の歴史を辿っていくと、過去から続いてきた幾多の挑戦が、今の虎屋を、そして、その延長線上にある未来の虎屋を作ってきたことがよくわかります。実際、ｉｆｓ未来研究所で新しい菓子作りのプロジェクトをご一緒した時、「うちの職人には、最初からできないという考え方はしないようにと厳命しています。なぜなら、無理を越えて技術を磨いてきた先に、今のうちがあるのですから」というお話に心動かされました。

なるほど老舗とは、そういった挑戦を厭わない姿勢があってこそ、長きにわたって続いてきたのだと。それだけの厳しさを持って挑戦を続けてきた視座から言えば、〝革新〟とは価値観を根底から揺さぶるくらい大きな概念であり、軽々しく使う言葉ではないと気づかされたのです。

齋藤さんも同様で、「グローバリゼーションは、利益至上主義を推進する方便のようなものであり、イノベーションは、本来的な意味での革新ではなくプログレス＝進歩ととらえているのが気になる」という意見でした。対談を通して、話題は何度かここに触れ、厳しい言葉が行き交う場になったのです。

日本は新しい言葉を使うことが好きな人が多く、いったん広がり始めると、本来の意味が薄まって拡散していく傾向が強いと感じていましたが、〝イノベーション〟もその轍を踏んでしまった言葉と言えるのかもしれません。

大きな転換期を迎えている時代を乗り越えていくには、老舗の歴史がそうであったように、些細な変化どころでなく、圧倒的な価値軸の転換を図っていく必要があると、身が引き締まる思いで聞きました。

女性と若者にチャンスを与えサポートしていく

もうひとつ印象に残ったのは、女性や若者に向けた、温かくもフラットな眼差しです。未来を作っていくのは若者であり、チャンスを与え、伴走者としてサポートしていくのが年長者である自分たちの役割と、明快に言い切られたのです。

一方、女性の働き方については、先進国の中で日本が大きく遅れている状況について、見事なまでにお二人の意見は一致しました。「このままではいけないのではないか」と。

虎屋は早くから、女性を登用するさまざまな制度を整えていますし、エルメスでは当たり前のように、多くの女性が活躍しています。エルメスも虎屋も、老舗でありながら保守に陥ることなく、女性に向けて拓かれた環境を整えているのです。お二人のような経営トップが増えていけば、日本の未来は力強いものになると感じました。

とともに、それは、ある意味の厳しさを引き受けることを意味してもいます。チャンスを与えてサポートするということは、手取り足取り導いてくれることを意味するのではなく、受け手である女性側も、新しい途を切り拓く気概を持っていなければいけないことであり、それをやり遂げようとする責任も伴うのです。

だからもし、二人が私の上司だったら、たくさんのチャンスを与えてくれるに違いないと思う一方で、厳しくてへこたれることがあるかもしれないと思ったり――。でも、そういう経営トップだから、エルメスも虎屋も、社員は良い意味での緊張感と礼節をもって、日々の仕事に臨んでいると納得したのです。

対談とは、話が弾んで会話が共鳴し始めると、ハーモニーが生まれ、どんどん発展していくものですが、今回の一連の対談で、それを目の当たりにすることができました。回を重ねるごとに、触発されて発想が拓けていくさまを、ライブで感じることができたのです。その楽しさが、少しでも伝わることを願っています。

この企画が実現したのは、黒川さんと齋藤さんあってのこと。まずはお二人に感謝の気持ちを捧げたいと思います。

とともに、優れた編集者である新潮社の足立真穂さんのお蔭で、何とかまとめることができました。ありがとうございました。

（かわしま・ようこ）１９６１年新潟市生まれ。早稲田大学商学部卒業、文化服装学院マーチャンダイジング科修了。伊藤忠ファッションシステム株式会社取締役。ｉｆｓ未来研究所所長。ジャーナリスト。多摩美術大学非常勤講師。Ｇマーク審査委員。著書に『虎屋ブランド物語』『エスプリ思考～エルメス本社副社長、齋藤峰明が語る』などがある。

黒川光博　「虎屋」代表取締役社長

１９４３年、東京都生まれ。虎屋十七代。学習院大学法学部を卒業後、富士銀行（現みずほ銀行）勤務を経て１９６９年、虎屋に入社した。１９９１年より同社代表取締役社長に。全国和菓子協会会長、全日本菓子協会副会長、一般社団法人日本専門店協会会長等を務めた。著書に『虎屋 和菓子と歩んだ五百年』がある。幼少より親交のあった寛仁親王殿下のご著書『今ベールを脱ぐ ジェントルマンの極意』では服飾談義を展開している。妻と東京在住、一男二女の父。

齋藤峰明　「エルメス」フランス本社前副社長

１９５２年、静岡県生まれ。高校卒業後渡仏し、パリ第一（ソルボンヌ）大学芸術学部へ。在学中から三越トラベルで働き始め、後に㈱三越のパリ駐在所長に。40歳でエルメス・インターナショナル（パリの本社）に入社、エルメスジャポン社長に就任。08年よりフランス本社副社長を務め、２０１５年８月に退社。シーナリーインターナショナルを設立、代表に就任。フランス共和国国家功労勲章シュヴァリエ叙勲。エルメスでの仕事を語った本に『エスプリ思考〜エルメス本社副社長、齋藤峰明が語る』（川島蓉子著）がある。妻、一男二女とパリ在住。

老舗《しにせ》の流儀《りゅうぎ》　虎屋《とらや》とエルメス

著者　黒川光博《くろかわみつひろ》
　　　齋藤峰明《さいとうみねあき》
構成・文　川島蓉子《かわしまようこ》
発行　２０１６年10月15日
4刷　２０２２年12月15日
発行者　佐藤隆信
発行所　株式会社新潮社
〒１６２-８７１１ 東京都新宿区矢来町71
電話　編集部　０３-３２６６-５６１１
　　　読者係　０３-３２６６-５１１１
http://www.shinchosha.co.jp
印刷所　錦明印刷株式会社
製本所　加藤製本株式会社

ISBN978-4-10-350451-1 C0095